TERRACE HOUSE **PREMIUM**

TERRACE HOUSE **PREMIUM**

テラスハウス プレミアム

目次

「この番組は、男女6人がひとつ屋根の下で生活をします。番組が用意したのは、すてきなおうちと、すてきな車だけです。台本は一切ございません」（スタジオキャストのYOUが読み上げる冒頭ナレーションより）

湘南の海辺に建つ一軒家で、若い男女がシェアハウス生活を送る。その様子をありのままにドキュメントした人気テレビ番組『テラスハウス』が、2014年9月29日の放送で約2年間の歴史に幕を降ろした。

誰もがそう思っていたのだが、この家での共同生活は続いていた。完結編となる映画『テラスハウス クロージング・ドア』では、新たな6人による新たな共同生活の日々が記録されている。

ひとりが出て行けば、新しいひとりが入る。そのシンプルなルールによって、映画版も含めると合計26人のメンバーがこの家で共同生活を送ることになった。仕事や夢について語り合い、恋をして青春をして、友情を結び時にケンカもした。そして、別れの涙を流した。

今はもう、ここには誰もいない。だが……ライフ・ゴーズ・オン。26人の生活＝人生は、今も続いている。それぞれの新しい家で、それぞれの新しい現場で。

一度も会ったことがない人なのに、親しい友人のように感じる。愛しい、とさえ思う。『テラスハウス』を熱心に見つめ続けるうちに、誰もがそんな魔法にかかってしまう。彼らは〝あの時〟どんなことを感じていたのか。〝今〟何をしているのか？誰もがそのことを知りたいと思っているはずだ。それを知ることできっと、彼らの〝これから〟を見つめたいと思えるようになる。

26人のメンバーはみな、表現は微妙に違うけれど、取材班に口を揃えてこう言った。

「あの家に住んだことのある人間は、みんなファミリー」

ここからは、仮説になる。でも、たぶん合っている。彼らの生活を見つめてきた人も、遠い遠い親戚のひとりなのだ。

ようこそテラスハウスへ。

終わりのないテラスハウス・ファミリーの物語へ――。

TERRACE HOUSE THE LAST INTERVIEW

菅谷哲也 Tetsuya Sugaya

自分でも「しょうがない男だな」って思ってます

TERRACE HOUSE THE LAST INTERVIEW Tetsuya Sugaya

第1回放送から最終回まで出演し続けた唯一のメンバーである"てっちゃん"は、入居当時は消防士志望、坊主頭で童顔の少年だった。今や大人の存在感を放ち、俳優として着実にキャリアを積んでいる。スクリーンではどんな輝きを放つことになるのだろうか?

――TV版『テラスハウス』の最終回(2014年9月29日放送)は、最後のひとりになったてっちゃんが荷物を抱えて、玄関のドアを開けて出て行くシーンで終わっていました。ドアを開ける直前の心境はどんなものでしたか?

哲也 率直なことを言うと、ああ、やっと終わったなって……。2年間住んでいた家を出て行く寂しさはあったんですけど、みんなが僕のために残してくれたメッセージを読んで、いっぱい泣いて。背中を押してもらった感覚もあったんですよ。ポジティブに、まっすぐ前に一歩踏み出すような気持ちでしたね。

――この2年間、卒業を考えることはなかったんですか?

哲也 いえ、特に終盤は常に考えてました。「どういうタイミングがいいのかな?」と見計らっているうちに番組が終わるってなったから、そうか、これがタイミングなのかなと。

――ところがドアの向こうには、新メンバーがいた。「まだ『テラスハウス』は終わってないんです」と言われた時は?

哲也 ……また始まるのか、と(笑)。正直、複雑な気持ちはありました。実家に帰ろうと思っていたんですよ。仕事の予定もほぼ白紙状態だったので、ちょっとゆっくりしようかなと思っていたんです。なので、とりあえず家族に連絡を入れましたね(笑)。

――新しいメンバーで再スタートした共同生活は、いかがでしたか?

哲也 今までと大きく違うな、と思っていることがひとつあって。今まではテレビだったので、他のメンバーが家の外でやっていることとか、家の中で起こった自分の知らないことも、テレビの画面を通じて知ることができたんです。今は映画なので、そういう機会がない。それが新鮮というか、よりリアリティがありますよね。そもそも、前の状態が奇妙だったということに気付きました(笑)。

――観客にとっても、リアリティの濃度が上がっていると感じられるかもしれない。

哲也 観ている側も、そんなふうに感じるかもしれないです。

しょうがないんです 住めば誰でもそうなるんです

――オーディションに合格し、第1期メンバー6人のうちのひとりとしてテラスハウスに住み始めたのが2012年10月。それからTV版最終回までの2年の間に、夢が変わりましたよね。消防士を諦めて、俳優の道を歩むと決意しました。

哲也 昔から興味はあったんです。でも、一歩踏み出してみる勇気が今までなかった。『テラスハウス』をきっかけに自分の気持ちと向き合って、挑戦してみることに決めました。お芝居、難しいけど、めちゃくちゃ楽しいです。この2ヵ月くらい芝居には触れていないから、ムズムズするんですよ。

――それって、どんな感覚なんですか?

哲也 自分はもともと、感情を押し殺して生きていくタイプだと思うんです。テラスハウスにいる時も、メンバーやみんなに対して関心がないわけじゃないんだけど、自分の言葉に自信がないから、言葉を飲み込んじゃうようなことが多くて。人との距離の取り方として、あまりズカズカ相手の懐に入っていきたくないというか。でも、お芝居をする時は思いっきり感情を出せる。スッキリする、と言ったら自己満みたいでイヤですけど、そういう瞬間に「人間らしいな」と思うんですよね。

――この2年間で、北原里英さん、今井華さん、筧美和子さん、永谷真絵さん。4人の女の子に恋をしていましたね。

哲也 彼女が欲しいな、とか前のめりになっているつもりはなかったんですよ。ただ単にこの2年間、自分の気持ちが動くタイミングが多かったんです。もともと、あまり「好き」の気持

ちが動くタイプではないんです。『テラスハウス』に入るまで19年間、彼女もひとりしかいなかったんで。ここに来るまで、その人しか好きになることはなかった。

――それなのに、いろんな人を好きになってしまった自分のことを、客観的にどう思います？

哲也 しょうがねえ男だなあと思います（笑）。

――「新しい女性メンバーがやって来ると、てつはいつもニヤニヤしてしまう」と番組MC陣にイジられていましたが……。

哲也 あれもしょうがないんです（笑）。そろそろ新しい女の子がやってくるぞっていう時は、男性陣はみんなテンションあがってますよ。男子部屋では「どんな子が来るんだろう？」という話には絶対になりますし、その雰囲気に引っ張られるということもあると思う。

――テラスハウスというのは、恋心が加速する魔法の空間なんですかね？

哲也 あっ、それはあると思います。僕以外の人たちも、みんなそうだと思いますよ。やっぱり、毎日一緒に生活してるっていうのは大きいです。毎日その子たちを見ているので、好きになるスピードは速い。そのぶん、恋愛的な感情が薄まっていくスピードも速いです（笑）。慣れるスピードっていうかな。ドキドキする恋愛対象じゃなくて、安心できる共同生活のパートナーとして見られるようになってくる。

――放送だけ観ていると、「さっきまであの子が好きだって言ってたのに」と思うけれど……。

哲也 番組を観ているとそうだけど、住んで、接してみて、生活してみれば分かるよって思うんですよね。最近シェアハウスが流行っていますけど、「リビングにい合わせたら話す程度だよ」とか聞きます。でも、ここの共同生活はやっぱり特殊で、1日の終わりにはその日あったことをみんなにしゃべるし、男子部屋と女子部屋でメンバーが固まっているから、同性同士で恋の相談とかをしていたら、どんどん気持ちが盛り上がっていく。だから、さっき僕が言った「しょうがない」というのは、「誰でもそうなるよ！」っていう意味ですね。

「テラスハウスのてっちゃん」から「役者・菅谷哲也」へ

――映画の予告編を観ると、てっちゃんの最後の恋が描かれて『テラスハウス』は幕を閉じるのかな、と思いました。

哲也 しょうがないやつですからね（笑）。でも、あの予告編、面白かったですよね。この家で起こっていたことは確かに、ああいうことなんです。ああいうことなんですけど、普段の日常はもっとダラダラしてるんです（笑）。『テラスハウス』はひとりひとりが全員、主人公なので。ひとりひとりのドラマを楽しんでほしいですね。

――そしていよいよ、本当にテラスハウスを出るというタイミングが訪れるわけですが……。

哲也 分からないですよ？ またドアの向こうに誰かがいるんじゃないかって、心の準備はしています（笑）

――今後の人生について、どんなことを考えていますか？

哲也 『テラスハウス』がきっかけで自分のことを知ってもらえたぶん、求められているハードルが高くなっていると思うんです。それを役者として超えていかないといけないなという気持ちはあります。「テラスハウスのてっちゃん」ではなく「役者・菅谷哲也」として、いい意味で世間を裏切っていかないといけない。それはとても大変なことだと思うし、不安もありますけど、やり甲斐はありますね。テラスハウスを出たら、まずはひとり暮らしの家を借りようと思いますよ。でも、その前に今度こそ、実家でゆっくりしたいと思います。

すがやてつや 1993年生まれ、千葉県旭市出身。愛称は「てっちゃん」「てつ」。第1回放送から最終回まで、番組に出演し続けた唯一のメンバー。当初は消防士志望だったが、俳優の道へ。テレビドラマ『ラスト・シンデレラ』第9話で俳優デビューを果たす。

TERRACE HOUSE THE LAST INTERVIEW

島袋聖南 Seina Shimabukuro

「昔も今も、一番の目標は
モデルでメジャーになること」

TERRACE HOUSE THE LAST INTERVIEW Seina Shimabukuro

初期メンバーのひとりで、一度は卒業しながらも、テラスハウスに「出戻ってきた」（本人談）。彼女が繰り出す発言は、番組MC陣から「トレンディー劇場」と絶賛を受けた。大きな恋を2回して、2回目で見事カップルになった。しかし。彼女は今も、テラスハウスにいた。

―TV版『テラスハウス』で聖南さんがメンバーに復活した時も驚きましたが、映画版で再びこの家に戻ってくると知った時は衝撃でした。

聖南　まだ『テラスハウス』が続いてるという情報をキャッチして、「そこに山があるなら、その山を登るしかない！」と思っちゃったんです（笑）。スタッフさんに「私ももう一度お願いします」ということを伝えて、OKをもらいました。

―前回の共同生活で伊東大輝くんという恋人を見つけたにもかかわらず、もう一度ここで暮らしたいと思ったのはなぜなんですか？

聖南　クセになってしまったんです、『テラスハウス』が。ここでの生活って、いろんな人の人生を、まるで映画を観ているように感じるんですよ。目の前で、自分も登場人物のひとりになって。1日の出来事とか恋の話を、ここまで密にできる関係性ってなかなかないです。それが楽しくって、やみつきになっちゃって……。なんだか、アル中の人みたい（笑）。アルコールも好きなんですけどね！

―聖南さんがリビングでいつも飲んでいる白ワインと同じくらい、テラスハウスでの生活も好きで、中毒で。

聖南　そうですね（笑）。私自身、常に人として成長したいなって思っているんですけど、いろんなタイプの人との付き合い方だったり、考え方だったりを吸収できるんです。スッピンで生き恥もいっぱいさらしているぶん（笑）、得られるものもたくさんあるんですよね。

―新しいメンバー達の人間性はどうですか？

聖南　「おっ、また違う色が入ってきたぞ」って感じです。今までのテラスハウスとは違う、見たことのない6人のバランスができている気がする。面白い6人だと思いますよ。

―その中ではきっとまた、恋も生まれていて。

聖南　私は彼氏もいるしみんなよりも年上なので、つい世話を焼きたくなっちゃうんですよ。温かい目で見守っていればいいのに、おせっかいをしすぎちゃうことがあるみたいで。自分ではキューピッドだと思ってるんだけど……。

―破滅に向かわせる、悪魔なのかも（笑）。

聖南　でも、過去にわりとうまくいったことがあったんですよ。宮城大樹から「好きな人が（今井）華ちゃんと、もうひとりいる」と聞いて、そのことを本人に伝えたら、華ちゃん負けず嫌いだし、闘志みなぎるだろうと思って言ったら、案の定うまくいったんですよ。1ヵ月で別れちゃったけど。今ちょっと考えてみたら、その1回ぐらいしかうまくいったことがないけど（笑）。でも、みんなの幸せの絶対量をあげようという気持ちで動いてるのは間違いないんですよ？

人の頑張りを見るのって一番の栄養剤だと思う

―聖南さんが一度目の卒業をした時（2013年4月）と、二度目に入居した時（2014年1月）の間に、何があったんですか？

聖南　初めて『テラスハウス』に入ってきた時は、モデルの仕事を始めたばかりでした。そこからモデル一本で頑張りたい、海外でも挑戦してみたいと思って卒業したんですけど、オーディションでもなかなか結果が出なかったり、前の事務所ともあまりうまくコミュニケーションが取れなかったりして……。その経緯をスタッフさんにお話して、「全部なくなってゼロになっちゃったんで、また入れてください。本気です。腹くくってます」ということでお願いして入れてもらいました。

―二度目の卒業（2014年9月）の時は、どんなことを考えましたか？

聖南　ここからが私にとって最後のチャンスだぞ、と。メンバーからの刺激が大きかったんです。好きなことを真面目に、誇りを持ってブレずにやっていく姿を目の当たりにして、私も再チャレンジしたいなって。

―モデルのお仕事は今、どのようなスタンスでされているのですか？

聖南　最近は、イベントとかファッションショーに呼ばれた

り。あとは、ブランドのカタログのお仕事をしたり、広告やイメージモデル、雑誌の企画など、徐々に広がっています。私と同じ温度で頑張ってくれる、新しい事務所も見つかりました。昔も今も変わらない、一番の目標は、モデルでメジャーになるということ。次のステップは、雑誌のレギュラーを獲ることかなと思っています。最後のチャンスというプレッシャーを、これからのパワーに変えていきたいですね。

——仲間の応援、支えもありますからね。

聖南　ここでの付き合いって、友達以上のファミリーみたいな感じなんですよ。普段も時間が合えばよく会う子もいるし、メンバーの誕生日にはほぼ全員で集まったりしているんですけど、みんな卒業してもキラキラしてるので、私も負けてらんないなって思います。人の頑張りを見るのって、一番の栄養剤だと思うんですよ。

甘えることって基本的に片方しかできないじゃないですか

——テラスハウスという住み慣れた家をいよいよ出るわけですが、次に住む家は？

聖南　都内に母と妹と、3人で住んでいる家があるんです。もともとひとり暮らしだったんですよ。沖縄から大学進学で上京してきたんですけど、両親が離婚して、母と小学6年生の末っ子の妹が出てきて。3人でもうちょっと広い部屋に移ろうかって引っ越した家に、今も自分の部屋があるんです。その家に戻る感じですね。

——大輝君とは同棲しよう、という話にはならなかったんですか？

聖南　そういうお誘いももらったんですけど、彼はまだ学生だし自立してないから、まずは大学を卒業するのが先じゃないっていう話をして。今ここで同棲しちゃったら彼の成長をさまたげることになる気がしたし、いろいろ中途半端になっちゃう気がしたんですよね。

——彼はまだ20歳ですもんね。

聖南　彼は「結婚したい」とか全国ネットで言っちゃってるけど、ホントに大丈夫なの、みたいな(笑)。もちろん私も、付き合う人とは結婚を視野に入れて付き合いますけど、若さゆえの勢いってすごいなと思うことはありますね。

——でも、そこが魅力だったりもして。

聖南　怖いくらいまっすぐなんです。そのまっすぐさって、一番リスペクトできるところかもしれない。彼は高校生の時にウィンドサーフィンを始めて、大学生でチャンピオンになっている。そんなふうに成功できたのは、サーフィンに一途になれたからだと思うんです。その一途さは、異性に向かうスタンスでも同じなのかなって感じることがあって、付き合おうと思いました。

——気持ちの強さに惹かれた、信じられた、と。

聖南　言葉に自信があるというか、言ったことは貫き通すっていう強い精神力がみなぎっているのは、一緒にいて感じるんです。実は前の恋で、私なりに学んだことがあって。以前、湯川君の気持ちに対して、私が信じられなくて、諦めちゃった部分があった。もうちょっと彼のことや彼の言葉を信じられた自分がいたら、結末も違ったのかなって思うんです。だから次の恋は、人を信じることを大切にしようって思っていたんですよ。前の恋の失敗から学んだおかげで、次の恋がうまくいったんです。

——これからもふたりの恋を応援しています。

聖南　今も頼っているところは頼ってるし、支えてもらっています。だけど、もっともっと私がのしかかってもいいなと思えるようになると、頼もしいなって思うかなあ。甘えてこられたら、私も甘えづらいところがある。甘えることって基本的に、片方しかできないじゃないですか。でも最初の頃よりしっかりしてきたし、「頑張るからちょっと待ってて」と言ってくれているので、私はそれを信じてますし、将来が楽しみだなって思います。うん。いっぱい経験して成長して、私にラクさせてね(笑)。

しまぶくろせいな 1987年生まれ、沖縄県名護市出身。2012年10月～2013年5月まで入居し涙の卒業後、2014年1月にまさかの再入居。湘南のカフェでアルバイトをしながら、モデルの夢を追った。現在はモデル活動を本格化、一本立ちを果たした。

TERRACE HOUSE THE LAST DIALOGUE

菅谷哲也 × 島袋聖南

Tetsuya Sugaya　Seina Shimabukuro

第1回放送から一緒になったふたりは、もっとも長い期間、この家で共同生活を営んできた。まさに「恋愛を越えた友情」。初期メンバーでもあるふたりは、『テラスハウス』の基礎を築き上げた。間もなくテラスハウス生活を終えるふたりが、膝を突き合わせて語り合った。

――テラスハウスに初めてやって来た日の印象、覚えていますか？

哲也 とにかく緊張、ですね。何をやったらいいか分からない場所にいきなり放り込まれたわけだから、最初はみんなどう振る舞っていいかが分からなかった。

聖南 ね。線路が何もない状態だったから、「えーと、どうしよう……？」みたいな、暗闇に手探り状態で（苦笑）。カメラにもまだ慣れてなかったからね。

哲也 最初の頃はやっぱり、カメラが気になった。みんなの振る舞いがぎこちなかったっていうのは、それが一番大きかったっていうのは思います。

聖南 すぐ慣れちゃったけどね（笑）。慣れちゃえば、ぜんぜん気にしなくなるんだけど。

哲也 時間が解決してくれてたと思う。生活してる時間が長ければ自然に会話も増えるし、リラックスして共同生活を楽しめるようになった。

聖南 あと、オンエアを観るようになってからは、「なんでこんなにぎこちないんだ」ってみんなで反省したり（笑）。一緒に住んでいて、良いも悪いも自分を隠すことって難しいし、「本来の自分でいいんだよね」みたいな話をした記憶はあります。

――この2年強でいろいろな出会いと別れがありました。今も記憶は鮮明ですか？

哲也 僕は全員と一緒に住んでますけど、記憶の濃い薄いは正直ありますね。記憶というか、思い出せる出来事とかが。

聖南 どんな出来事が濃いの？

哲也 人の恋愛は、やっぱり覚えてるよね（笑）。誰が誰を好きだったなあとか。

聖南 うん、覚えてる（笑）。宮城大樹と今井華とか。賢也（保田賢也）とみーちゃん（山中美智子）とか。

哲也 あれ？ 自分のことは？

聖南 ……自分のことはあんまり記憶にない（笑）。

哲也 俺はくっきり覚えてるよ、聖南さんのいろんなこと（笑）。

聖南 てっちゃんはさ、誰が一番好きだったの？

哲也 ……覚えてない。

聖南 （笑）

哲也 あと、みんなの職業のことっていうか、力を入れているものに関しての出来事は結構覚えてるかも。例えばりっちゃん（北原里英）だったら、初めてAKB48のライブを観た時のこととか、すごく鮮明に覚えてる。聖南さんがモデルさんとして、ランウェイをウォーキングしてるのもすごい鮮明に覚えてるし。

聖南 翔太（中津川翔太）の、大学の卒業制作展も観に行ったよね。黒い玉、一生懸命磨いてた。

哲也 ももちゃん（竹内桃子）もさ、アーティストとして展示したりもしてたじゃん。正人くん（湯川正人）がサーフィンをやっている姿も覚えているし。……今話してて思ったけど、一番最初が一番鮮明に覚えてる（笑）。

聖南 いや、私もそうなんだよね（笑）。

哲也 一番古い記憶なのに。やっぱり最初が、インパクトがあったのかな。

――この2年強の間に起こった「事件」「出来事」で、特に強く印象に残っているものは？

聖南 「事件」と聞いて私が思い出したのは、私はいなかった時期なんですけど、あやちゃん（近藤あや）が王子（岩永徹也）と添い寝をしたっていう。テレビで観ていて「おいー！」って絶叫しました。

哲也 あれはけっこう、事件だよね。

聖南 ビッグニュース。おいおい王子、携帯であやちゃん呼び出してまで、添い寝するのかよーって。なのに好きじゃないのかよーって。

哲也 俺は、洋さん（今井洋介）かな。事件イコール洋さんってイメージがある。

聖南 確かになぁ。洋さん、めっちゃ大人子供だから。

哲也 最初の頃、ネットで叩かれて、それに反論したらブログが炎上したりして。超怒ってた。

聖南 あそこまで喜怒哀楽を出せるってすごいなと思う。自由でいられる強さがある。

哲也 感情の幅がすごく広い。家出したり、2人同時に好きになったり……。人間性を出しすぎて、世間からは反感を買ったりさ。だけど俺からしたら、世間にプンプンだったよ。ようさんの振る舞いを、たしなめるみたいな口調で実は煽って、腹の中で喜んでるわけじゃん。ここに入ってから気づいたよ、世間のやり口の汚さに。

聖南 えーと、読者の皆さんは今びっくりしてるかもしれないけど、てつはちょっと、ロックなところがあるんですよ。社会への反発心がある。ヤザワかてつか、みたいな（笑）。

哲也 あとは……やっぱり大樹くんの試合かな。

聖南 大樹と仲良いもんね。男子の中で、一番仲良いんじゃない？

哲也 うん。ここで一緒に住んだ時間も一番長いし。チャンピオンになった試合は観に行ってたし、引退しちゃうって聞いた時はものすごく悲しかった。「一緒に新しい道探そうよ」とかいう会話をしたことも鮮明に覚えてる。なんていうか、人が悔しかったり悲しかったりすることを……。

聖南 自分のことのように感じた？

哲也 そう、自分のことのように。それって人生で初めての経験だったな。

「みんなが面倒見てくれて、みんなが優しかった」（哲也）
「大切にしていたのは、愛を持って感謝を伝えること」（聖南）

自分の意見を言えること
相手を思いやれること

――家に帰るのが特に楽しかった時期はありますか？

聖南 それはやっぱり、恋愛してる時が一番楽しいです(笑)。

哲也 早く帰りたいって思うよね。

聖南 でも、楽しいだけじゃないというのも、正直なところで。やっぱり他人同士が住むってなったら、噛み合わなかったり、悪気がなくても勘違いさせることがあったりする。6人のバランスがあんまりうまくいかなくなっちゃった時は、憂鬱になっちゃうこともたまにはありました。

哲也 僕はもっと単純な理由で憂鬱になったことはある。仕事が忙しくなった時期に、東京と行き来するのが体力的にキツイなっていう。

聖南 あんまり自分の殻にこもっちゃってたりしたら、なかなかスムーズに共同生活できないっていうか、みんなに影響を与えちゃうから……。

哲也 僕が迷惑をかけちゃっていた時期もあったと思う。

聖南 私もだよ？ でも、そこでフォローし合えるのも共同生活の醍醐味だと思う。

――テラスハウスでの出会いと別れをもっとも多く経験したふたりだからこそ知っている、人付き合いのテクニックはありますか？

聖南 私が常にこうでありたいと思っているのは、ちょっと綺麗事に聞こえるかもしれないけど、愛を持って感謝を伝えるっていうこと。そうしたらみんなと仲良くなれましたし、時間が経ってもいい関係を築いていけたので、私にとってはそれが正解なのかなって思っています。

哲也 僕の場合は……あまり考えたことがなかったな。どっちかって言うと、僕が気を遣うっていうよりは、今までこの家にやって来た人たちが、僕のことを可愛がってくれたっていうことかもしれない。みんなが面倒見てくれたっていう感じで、みんなが優しかったんですよ。

聖南 愛を感じたんだ？ みんなの。

哲也 うん。

聖南 てつが素敵だなと思うのは、私は「これが最善だから！」って人に自分の意見を押し付けちゃうところがあるんだけど、てつは違う視点から客観的に見て、「こういう考え方もあるんじゃないかな」って提案できるところ。その人その人の立場を考えて、思いやれる気持ちがあるんだなって私は思ってる。だから長いこと住めて、いろんな人に可愛がってもらえたんじゃないかな。

――てっちゃんも、「聖南さんがいて良かった」と思う瞬間がたくさんあったんじゃないですか？

哲也 めっちゃありますよ。だから、聖南さんが1回抜けた時はめっちゃ泣きました。一番腹を割れた人というか、一番自分のことを理解してくれてる人だと思ってたんで、テラスハウスを出て行くって言われた時は、「聖南さんがいなくなったらどうしよう？」って、パニックだった。

聖南 私も「あぁ、てつ置いてっちゃう！ ごめんね!!」って一番に思ってたよ。そうしたら半年ぐらいで戻ってきちゃったけど(笑)。2度目に来た時は、ちょうどてつが成人式帰りで凛々しくなってたんで、びっくりした。だって、最初の頃のてつは赤ちゃんみたいだったもん。

哲也 赤ちゃんって……それ、たぶん俺じゃなかったら怒ってるよ(笑)。

哲也&聖南 (笑)

聖南 一番成長した人ってことだよ？ 一番最初から見てたからこそ、てつの成長をずっと見てたいって思うってこと。

哲也 ……という作戦で2年間こうやってテレビに出続けたんですよ。

聖南 出た、てつロック！(笑)

哲也 冗談、冗談(笑)。でもさ、ここ出たら、テレビ出るの大変だからね。

聖南 そうだね、大変だよね。

哲也 毎週1個レギュラー持ってることは、すごいことだと思うよ。

聖南 本当に私もそう思う。簡単じゃないからね。

『テラスハウス』の映画はどんなふうに終わる？

――2月14日の映画公開によって、いよいよテラスハウスのドアが閉じられます。家はなくなっても、関係性は続いていくんでしょうか？

哲也&聖南 もちろん！

哲也 少なくとも2、3ヵ月は一緒に過ごしてる、ここで毎日生活してるわけだから。外で出会う人たちとは違う感情が生まれたし、今後も関わりはずっとあると思う。

聖南 親族みたいな感じだよね。ちょっと遠い親族もいれば、兄弟みたいなイトコもいますし、みたいな。

哲也 そうそう。

聖南 ここでの共同生活を通して、言ってみれば『テラスハウス』という作品をみんなで一緒に作ったわけだから。同志でもありますから。

――映画が楽しみになりました。

聖南 今はまだ私たちはここに住んでいるので、どんなものになるかはまったく分からないんですけどね。映画はどんなふうに終わるのかな？

哲也 そうだね。みんながどんなふうにテラスハウスを出るのか。

聖南 大事なことがもうひとつあるでしょ？ てっちゃんの恋愛、どうなるんだろうね～。

哲也 ……。

聖南 はいはい。おせっかいお姉さんはもう、口をつぐみます(笑)。

Chapter 1　それぞれの今

テラスハウスを卒業したメンバー達は今、どんな家に暮らし、どんな仕事をして、どんな夢を見ているのだろう？　あの家で出会い結ばれた2組のカップルは今、どんな関係を築いているのだろうか？　それぞれのリアルが感じられる現場を訪問し、特別だったあの頃について、今とこれからについて、言葉を紡いでもらおう。

Daiki Itoh

Michiko Yamanaka

Kenya Yasuda

Shota Nakatsugawa

Masato Yukawa

Seina Shimabukuro

Hana Imai

Rie Kitahara

Momoko Takeuchi

Aya Kondo

Tetsuya Iwanaga

Daiki Miyagi

Rina Sumioka

Yosuke Imai

Miwako Kakei

Ippei Shima

Mai Nagatani

Midori Takechi

Frances Cihi

Ryoko Hirasawa

Chie Onuki

保田賢也 × 山中美智子

Kenya Yasuda（25）水球選手　Michiko Yamanaka（29）アパレル会社「EXJ」社長

引っ越したばかりの山中美智子の家にて

『テラスハウス』から生まれた2組目のカップルだ。水球の日本代表選手である〝けんけん〟と、会社社長の〝みっちゃん〟。卒業後も交際を続けるふたりには、既に長年連れ添ってきたかのような落ち着きがあった。そして交わし合う言葉には、愛と信頼が宿っていた。

──今日はみちさん（山中美智子）の家にお邪魔させていただいています。素敵なおうちですね。

賢也　僕も昨日、引っ越しの手伝いで初めて来たんですけど、いい家ですね。落ち着きます。でも最初は衝撃でした。でかいんで。余裕で家族で住める広さですもん。

美智子　夏にはみんなが来るかなぁと思って、広めの家に。下に2部屋あって、1部屋は私で、もう1部屋は誰かが泊まる用のゲストルームです。都心ではないので、家賃がそんなに高いわけではなくって。というか、都心の相場から考えるとあり得ない値段です。

賢也　本当は、都心で探してたんだよね？

美智子　『テラスハウス』に住んでいた頃、借りていたマンションが、11月に更新の時期で。次の部屋がなかなか決まらなくて、「神様が東京はダメだって言ってる気がする！」って。

賢也　言ってたね（笑）。

美智子　その結果、海の近くの家に戻ってきました。『テラス

やすだけんや 1989年生まれ、富山県出身。2014年4月〜9月まで入居。水球の日本代表選手。筑波大学卒業後、現在はブルボンウォーターポロクラブ柏崎所属。同チームの司令塔（ドライバー）として活躍し、2014年度日本選手権で準優勝に導く。

やまなかみちこ 1985年生まれ、東京都出身。2014年7月〜9月まで入居。アパレル会社「EXJ」の社長で、2013年設立の水着ブランド「ALEXIA STAM」のデザイナー。現在はジュエリーのデザインも手掛ける。2014年10月〜11月、展示会を一般公開し話題に。

「オリンピック予選に勝って、ブラジルに連れて行くよ」

ハウス』のおかげで、東京まで通うのに慣れていたし。

賢也　僕はテラスハウスを出た後、所属チームの練習場がある、つくばに部屋を借りました。

美智子　けんちゃんの家、まだ行ったことがない。なかなか2連休が取れなくて。

賢也　つくばって、ちょっとした旅行だからね。気軽に来てよとも言えないし、周りに何にもないし（笑）。

美智子　今度行くね。

——『テラスハウス』を出た後、ふたりはどれくらいのペースで会っていますか？

賢也　冬場は水球のシーズン・オフなので、よく会えていました。1月から試合もちょこちょこ始まるので、会えるペースは変わってくるかなと思います。

美智子　夕方くらいから会ってご飯を食べに行ったり、私の家で過ごしたり。あっ、今日の晩ご飯は「きりたんぽみぞれ鍋」だよ。

賢也　ちょっとだけ自慢していいですか？　彼女、めちゃくちゃ料理がうまいんです（笑）。

——最近した印象に残っているデートは？

賢也　上野に行きましたね。彼女の地元が上野なんですけど、僕は上野の街とか、上野動物園とかに行ったことがなかったんですよ。

美智子　私が小さい頃、よく遊んでいた場所をふたりで巡りました。別な日に1回、実家に遊びに行ったこともあるよね。

賢也　みっちゃんが、家に用事があったんだよね。僕もその時ちょうど横にいたから、「一緒に行く？」って。

美智子　うちの家族は下町育ちなので、ちゃきちゃきしてるんです。『テラスハウス』を観ていた両親が、彼のことを「なんかぼやけてるよね、はっきりしないね」と言っていて。一度会ってみてほしかったんですよ。そうしたら、「爽やかないい青年だね」って。

賢也　愛想だけはいいからね（笑）。今年の春に富山までの新幹線が通って、東京から2時間ぐらいで行けるようになるので、今度は僕の地元を案内しようかなと思っています。

「8割方フラれると思ってた」「私の心の中を見てたの？」って

——そもそもふたりが、テラスハウスに入居したいと思った理由は？

美智子　私はアリシアスタン（ALEXIA STAM）というビキニのブランドのデザイナーをやっているんですが、今まで東京にしか住んだことがなかったんですね。海のそばに住むのが憧れだったし、毎日海を近くに感じることで、デザインにいい刺激があると思ったんです。

賢也　僕は、水球をメジャーにしたいと思って入りました。水球選手なんてメディアに出る機会がなかなかないし、マイナーなスポーツじゃないですか。『テラスハウス』に出れば、自分の仕事というか、活動を映してもらえる。実際、試合に来るお客さんは増えましたし、そのことで競技仲間が喜んでくれたのが嬉しかったです。

——男女6人の共同生活は、実際のところいかがでしたか？

美智子　家に友達がいる、帰ったら必ず誰かいるって、いいですよね。みんな仲がよかったし、夜な夜なずっと喋ってる感じでした。

賢也　ホント、ずっと喋っていたよね。

美智子　べつに大した話ではないんだけどね。寝る前って、修学旅行だと一番喋る時間じゃないですか。毎日がそんな感じだった。

——そんな中で、ふたりに（平澤）遼子ちゃんを交えた「三角関係」が生まれて。

美智子　実をいうと、「三角関係」と言われることに戸惑ってしまう時期もありました。私、『テラスハウス』の存在は知っていたんですけど、ちゃんと観始めたのは自分が入る3回くら

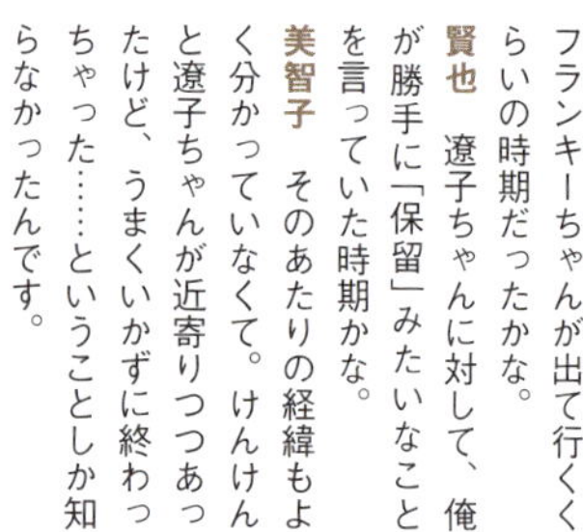

い前からなんです。ちょうど、フランキーちゃんが出て行くくらいの時期だったかな。

賢也　遼子ちゃんに対して、俺が勝手に「保留」みたいなことを言っていた時期かな。

美智子　そのあたりの経緯もよく分かっていなくて。けんけんと遼子ちゃんが近寄りつつあったけど、うまくいかずに終わっちゃった……ということしか知らなかったんです。

賢也　みっちゃんが入ってきた時は、遼子ちゃんも僕も、お互い気持ちはもうなかったと思う。ただ、僕が前に「保留」という言葉を使ってしまっていたから、遼子ちゃんに対してけじめを付ける必要があると思っていて……。だから厳密に言うと、「三角関係」の時期はなかった気がしますね。

――お互いの第一印象を教えていただけますか。

美智子　ガタイが良くて、真面目そう。爽やかで、愛想がいいなって思いました。「はじめまして」って言う時、緊張するじゃないですか。その時にウェルカムな感じがすごくあったんです。

賢也　クセなんですよ、にやける顔が。

美智子　私もそうだよ？　にこにこするのがクセかもしれない。でも、私より彼のほうがずっと愛想がいいです。怒ることがないし。まろやかです。

賢也　たしかに、あんまり怒らないですね。

美智子　私が仕事でピリピリして、わーっと何かを言ったとしても、「そうだね、頑張ろうね」って。「まろやかー！」って。そのおかげで私もピリピリしちゃいけないなって思ったりします。一緒にいると、安心できる。常に人のことを考えてるんですよ。自分中心ではないんです。

賢也　水球では、司令塔をやっているからね（笑）。

――けんけんの、みっちゃんに対する第一印象は？

賢也　魅力的な人だなと思いました。毎日一緒にいても魅力が変わらないし、ずっと輝いてましたね。一緒にいると、嫌なところが絶対に見つかるじゃないですか。そういうところがまったくなかったんです。

美智子　あははは。

賢也　僕なんかには高嶺の花だなって思ってました。頑張っても無理だろうって。でも、海外行く時に、悪い夢を追い払ってくれるドリームキャッチャー作ってくれたり、ご飯を作ってくれたり。番組が終わると知って、みっちゃんに会えなくなると思ったら、自分の気持ちを伝えたくなったんです。8割方フラれると思ってたけど、当たって砕けろくらいの感じで告白しました。

美智子　私はけんちゃんより年上だし、30歳目前なので、次の恋は失敗はしたくないなとかいろいろ考えていたんですよ。そもそも、普通に生活していたら付き合うまで、半年くらいはかかるものじゃないですか。過去には、友達から恋人になるまで、3年くらいかかったこともあったし。でも、テラスハウスでの日々はあまりにもめまぐるしくて、進展するスピードが早かった（笑）。本当は、恋に関してはもっと慎重に行く予定だったんです。

――けんけんの告白に、心を揺さぶられたとおっしゃっていましたよね。まずお互いの仕事を一番大事にする、そのうえで、支え合えるような関係を築きたい。この順番で告白してくれたことが、とても大事だったと。

美智子　私が聞こうとしてたことを先に言ってくれたので、びっくりしました。「私の心の中を見てたの？」って。私は自分のブランドを始めたばかりで、やっと少しだけ知ってもらえるようになったところで。仕事より恋人を今選ぶなんておこがましいし、仕事を第一優先でやっていきたかったんです。そのことを、彼はちゃんと理解してくれていた。直前まですごく悩んで、どうしようかなって迷ってたんです。けんちゃんが話してくれた言葉を聞いて、一歩踏み出す勇気が出ました。

賢也　告白している時は頭が真っ白で、自分では何を言ったのかあまり覚えてないんです。ただ、頭が真っ白でもそれが言えたということは、自分でもそれを伝えることが大事だと思っていたのかなと。彼女も仕事を頑張ってるし、僕も水球を頑張っている。ふたりとも仕事を第一優先で頑張り合っていたら、ふたりはいい関係になれる

1「笑顔がクセ。にやけちゃうんです」と苦笑いするけんけん　2 告白された瞬間を、ときめきを思い出しながら語るみっちゃん　3 引っ越し2日目のまっさらなリビングで、初めてお茶を飲むふたり　4 料理上手なみっちゃんと、洗い物は手伝うよスタイルのけんけん　5 洗面所にある歯ブラシの数が、ふたりの関係性をリアルに表していた　6 悪夢を払う「ドリームキャッチャー」特大サイズは、寝室にセット

「一緒にいると、安心できる。まろやか〜になるんです」

んじゃないかな、と。

美智子　彼は優しいんだけど、不器用なんだと思うんですよ。今まで私、ヘンに器用な人とばかり付き合ってきたんです。「忙しいからオレの言うこと聞いて」みたいな人と付き合ってきたから、新鮮だし、まっすぐだな、ウソがないなって。そこが素敵だなって思いました。

賢也　すぐバレるんで、ウソはつかないです（笑）。

自分の夢を叶えていく　その姿を見せたい、見たい

――『テラスハウス』から生まれたカップルと言えばもう1組、（島袋）聖南さんと（伊東）大輝くん。こちらのカップルと、だいぶ雰囲気は違いますよね。

賢也　落ち着いちゃってますか（笑）。もっときゃぴきゃぴした方がいいですかね。

美智子　向こうはなんというか、激しいから（笑）。

賢也　あのカップルを見てると、冷静になろうって思いますね。大輝が自分の感情を100％ぶつけちゃうんですよ。よく相談されます、「今日もケンカしちゃった」って。「もっと大人になれ」と言ってますけどね。「寛大になれ」って。「頑張る」って言ってましたけど。

――卒業後は他のメンバーと会ったりする機会も？

賢也　ちょこちょこ会ってますね。

美智子　私の友達と会う機会のほうが多いです。私が友達と集まる輪の中に、自然に溶け込んでいてほしいんですよ。ふたりきりじゃないと会えない、というのはイヤなので。仕事も、お互いの友達も大事にしたうえで、いいお付き合いが続けていけたらと思っているんです。

――お仕事に関しては今、どんな感じですか？

美智子　私がやっている水着とジュエリーのブランドは、今はネットだけで売っていて、あとはハワイのお店でしか買えなかったんですね。日本で作品を直接手にとって、試着できるところがなかったんです。それがずっともどかしくて、この冬初めて、展示会を一般公開したんですよ。彼も手伝ってくれたんですけど。

賢也　すごく賑わってたよね。

美智子　モデルでもスタイリストでもない、一般の人の感想を聞けたことが、すごくためになりました。そこで日本の卸先もいくつか決まってきて、少しずつ階段を登っているのかなと思います。

賢也　僕は今、2016年夏のオリンピックを目指して頑張っているところです。水球って、アジアは1枠しかないんですよ。カザフスタン、中国、日本でアジア1位を常に争っている状態なんです。オリンピックのアジア予選で1位になれば、日本にとって40数年ぶりの出場になります。燃えてますね。

美智子　次の夏のオリンピックは、リオだもんね。ブラジルはビキニの本場だから、絶対に行きたい。

賢也　連れて行けるように、頑張るよ。

――最後になりますが、ふたりの将来を考えたりすることってありますか？

賢也　このまま一緒にいて、その先に結婚があるなら、という感じです。

美智子　子供がほしいなと思ったら、くらいの感じかも。

賢也　とにかく今はお互いにやりたいことをやって、夢を叶えていく姿を見せたいし、見たいと思う。

美智子　うん。これからも、今のままの距離感でよろしくお願いします。

島袋聖南 × 伊東大輝

Seina Shimabukuro（27）モデル　Daiki Itoh（21）ウィンドサーファー

伊東大輝の実家にて

シーズン8で両思いになった聖南&大輝カップル。放送終了後もふたりの交際は順調そのもの……というよりも、ますます盛り上がっている。聖南さんもしょっちゅう遊びに行く大輝の部屋で、ふたりの仲良しぶりをキャッチ。告白のアナザーストーリーも飛び出した！

初めて遊びに行った日は緊張の連続！

――ここは大輝さんのご実家になるんですよね。今日は聖南さんとおふたりで出迎えていただきました。聖南さん、大輝さんのご実家には何度も遊びに来られているのでしょうか？

聖南　はい。もう数えきれないぐらいお邪魔しています。でも一緒に撮影ということで改めて部屋の中を見ると、大輝の部屋って全体的に海っぽいね。テイストが。

大輝　え、そう？

聖南　うん。カーテンとかポスターの選び方とか。

大輝　確かにうちからも海は近いんだけど、意識したことなかったな。俺がこの部屋の特徴を挙げるとしたら「寒い」だもん（笑）。俺の部屋だけじゃなくて家全体が、冬はむちゃくちゃ冷えるんです。引っ越してきたのは中3の時なんですけど、もともとはおばあちゃんが住んでいたんですよ。築80年は超えてるらしくて、父親も若い頃にこの部屋を使ってたとか。

しまぶくろ せいな 1987年生まれ、沖縄県出身。2012年10月～2013年5月、2014年1月～9月まで入居。

いとうだいき 1994年生まれ、東京都出身。2014年7月～9月まで入居。現在、関東学院大学に在学中。ウィンドサーフィンとスタンドアップパドルサーフィンの実力は高く評価され、プロを目指している。

「自然体で好きなものには一途な大輝。信頼できるしずっと一緒にいたい！」

ねえ、ドアの真ん中に切れ目が入ってるでしょ。

聖南 うん。あの謎の切れ目？

大輝 昔、父親が思い立って切ったらしい。

聖南 えー。パパ、面白過ぎるね！

――聖南さんは、初めてこの家に遊びに来た日のことは覚えてますか？

聖南 はい！『テラスハウス』のTVシリーズの放送が終わってすぐの頃だから、9月末ぐらいかな

大輝 俺が最寄り駅まで迎えに行って。聖南さん、すごい気を遣ってたよな。

聖南 そりゃ遣うでしょー！お父様とお母様がいる家だし、大輝は学生で私は年上だし、緊張しないほうがおかしいよ（笑）。もちろん手ぶらでは行けないので、駅の中にあるお店で和菓子を買って。手土産と共に「大輝さんとTVで共演をさせていただきまして、お付き合いしている島袋聖南です」とご挨拶しました。その横で大輝が「彼女！」って。

大輝 一言（笑）。

聖南 私もね、言葉がぜんぜん足りなくて。

大輝 いや、実は俺もめちゃくちゃ緊張してました！

聖南 大輝が出ているし、もちろん番組は観ていただいていたかなとは思ったんですけど、自己紹介の瞬間はドキドキでした。大輝のご両親はすごく温かい方々で。「いつでもおいで」、「またご飯食べに来てね」と言葉をかけていただいて、その優しさに今も甘えている感じなんです。

大輝 おうちデート、ほんと多いね。

聖南 落ち着きたい気分の時は来ちゃう。大輝の部屋でくつろいだり、1階のリビングでDVDを観ることも。

大輝 何だっけこの前観たやつ。

聖南 『マレフィセント』。良かったね！

大輝 うん。

聖南 そういえばびっくりした事件があるんですよ。お邪魔するようになって間もない頃の話なんですけど。その日はお互い外にいて、大輝の家の前で待ち合わせをすることになったんですが、私が先に着いちゃった。そしたら大輝、「お母さんがいるから先にうちに入ってて！」って。

大輝 あの日は寒かったからアカンと思って。

聖南 「申し訳ないから外で待ってるよ！」と言ったんですけど、お母様が家の中から出てきて、部屋に招き入れて下さったんです。結局大輝が帰ってくるまでの10分ぐらいを、リビングで待たせていただきました。本当に温かいご家族。まだお話しして緊張はしちゃうんですけど、いつも感謝してます。

――聖南さんのご実家に、大輝さんが遊びに行くこともあるんですか？

聖南 はい。大輝、あっという間に溶け込んじゃいましたね。母からは「だいちゃん」って呼ばれてます。私は三姉妹なんですが、一番下の小学生の妹も大輝になついてて。一緒にDSしてるよね。「ソフト貸して！」って言ってるのを聞いた時は衝撃だったけど（笑）。

大輝 いやあれは「今、ゲームってどうなってるの？」と、大人なりに最新情報を知りたかっただけで。

聖南 本当に～!?

今だから話せる告白ウラ話

――おふたりのカップル成立は『テラスハウス』ファンにとっても〝事件〟でした。聖南さんは華やかな存在で、特に恋愛事情は常に注目の的でしたから。その聖南さんをメッセージつきのワインボトルを渡すという告白で、大輝さんがついに射止めたか！　って。

大輝 今だから言いますね。告白をした時の自信は、400％ぐらいありました！

聖南 ウソー！

大輝 ウソです（笑）。でも告白の方法は作戦を練りました。聖南さんはワイン好きだから、プレゼントするのは決めてたんですけど。俺、詳しくないのでネットで探していたら、ワインをめちゃくちゃ好きな人は、ラベルだけボトルから剥がして取っておくらしいんですよね。さらにボトルごと保存できるワインがあるのを知って、それだ！　って。いろいろと見るうちに天使がハートを持ってい て、メッセージが描いてあって、〝年下がちょっと背伸びして年上にあげるワイン〟にいき当たったんです。一緒に飲めたら告白OKみたいな意味も込められてるって。「これだ！　エンジェル、頼んだぞ、お前」と（笑）。

聖南 ワイン、今も聖南のいるお部屋のベッドの脇に大切に飾ってるんです。

大輝 エンジェルは、俺らふたりを大切に見守ってます！

聖南 だそうです（笑）。ロマンチックな告白、すごくドキドキしたし嬉しかったよ。

――しかし聖南さんは「ちょっとだけ考えさせて」とすぐに答えを出せなくて。

聖南 告白の衝撃もあったし、大輝に惹かれたことと、人とお付き合いをするっていう現実がすぐに整理できなかったんです。ちゃんと考えて、みっちゃん（山中美智子）や（平澤）遼子ちゃんたちにも相談して。気持ちは本物と自覚しました。それでお付き合いしようと決めたんです。

――オンエアで大輝さんに告白OKを伝えた際の、一緒にいると素直でいられるという感覚は、交際が深まった今も変わりませんか？

聖南 変わりませんね。大輝が自然体だからかな。私も喜怒哀楽をそのままに出しちゃうんです。

大輝 聖南さん、「喜怒哀楽」じゃなくて「喜怒怒怒怒怒！」でしょ。

聖南 あははは。

――じゃあ、ケンカも？

聖南 しますよ。だいたい理由とかなく、売り言葉に買い言葉になるよねえ。

大輝 もちろんむかつくんですけど、相手が聖南さんだと、一定のやり取りを過ぎるとなんかフフッってなっちゃって。「わけわかんねえ、この会話」「なんなのこれ？」みたいに。

聖南 だよね。聖南も笑っちゃう〜。

大輝 そんなところもかわいいなって（照）。

こんなにハマった女性は聖南さんが初めて

――付き合ってお互いに分かった部分は？

聖南 大輝はとても優しくて繊細な心を持っているんです。待ち合わせも絶対15分前には着くし。聖南は雑だな〜。昨日もね、小さな部分で大輝の感性を知りました。

大輝 あの話。

聖南 うん。私の「別に」という言葉の理由を知りたいって言われたんです。何気なく使いがちな言い回しだったんですけれども。

大輝 「別に」って、俺の中では若干冷たい印象のある言葉なんです。誰かに「どうしたの？」って聞かれた時に、ネガティブな気持ちを思い起こさせそうな気がして、あまり使わないようにしてるんですよ。だけど聖南さんの「別に」は、俺とは違う意味を持ってるのかもしれないって。

聖南 聖南はフィーリング的なところが多いからなあ。

大輝 あったかいイメージで使うのか、冷たい意味を含んだ「別に」なのかを、把握しておきたかった。なんでかっていうとふたりがケンカをするとしたらいろんな原因があると思うけど、その原因を少しでも減らしたかったんです。聖南さんの「別に」を理解してなくて、俺が苦手な言葉だからといって、勝手にむっときてケンカになるのは嫌だから。

聖南 聖南にとっての「別に」は意味のある言葉じゃないんですけどね（笑）。でもそんな部分からも理解しようとしてくれるんだって。大輝は、私だけじゃなくて、他の友達にもウィンドサーフィンに対してもそうなんです。真面目で一途。愛情を持った相手には軸がブレないし、言葉にも深みがあるの。だから信じられるし、一緒にいたい！

「ワインの告白はボトルに描かれたエンジェルに願かけしてました(笑)」

1 照れながらも聖南さんへの思いを語る大輝を、真剣な面持ちで見守る　2 熱い眼差しでインタビューに答える聖南さんを見つめる。20歳の「初恋」は情熱的だ！　3 カーテンの柄も飾られた写真もどことなく海の気配が漂う。部屋に入ると自然とリラックスモードになるふたり　4 自宅の2階にある大輝さんの部屋。白を基調にした作りで、差し込む自然光が明るい雰囲気　5 ベッド上に置かれた財布は、「聖南さんからのプレゼント。自慢したい！(笑) 毎晩一緒に寝てます」　6 ポスターの脇に下げられたミニくす玉は、友人たちからの誕生日プレゼント。嬉しくてずっと大事に飾っている　7 ウィンドサーフィンのボードは1階の玄関脇に。靴箱は1軍2軍を決めて整理する　8 幼少期から愛用のタンス。「『テニスソックス』は小1から中3ぐらいまでテニスやってたんでその名残です(笑)」

大輝　嬉しいっす(照)。

―大輝さんが、聖南さんについて分かったことはありますか？

大輝　中身がガキンチョです。

聖南　ちょっと！

大輝　と言いつつもちゃんと俺の話を聞いてくれます。俺、あんまり人に相談するほうじゃないんですけど、聖南さんには話せるんですよね。「大丈夫だよ」って、あとちょっと俺が思いつかないような意見を口にしてくれたりもして。そういうところはやっぱり経験を重ねているというか。大人なんだなって思います。

聖南　よく「俺のこと好き？」とか聞いてくるよね、普通に(笑)。

大輝　ほんとやめて。やばいヤツみたいじゃん。

聖南　やばくないでしょ～。

―もうおふたりの仲が良すぎて、こちらも照れてきちゃいます(笑)。でも大輝さん、聖南さんだからそんな言葉を素直に口にする、なんて部分もあったり？

大輝　しますね。俺、今まで恋愛には冷めてるほうだと思ってたんですよ。ウィンドサーフィン中心の生活で基本は海にいるから、ケータイもあまり見ないですし。海から出てトレーニング行って、帰って寝るみたいな毎日の中で、彼女がいても盛り上がりには欠けていたというか。自分なりに頑張って連絡を取ってはいたんですけどね。「なんかいつもレスポンス悪いよね」から「私のこと本当に好きなの？」みたいな展開が多かったんです。だから聖南さんとの付き合いは「俺、なんか様子がおかしいな」って(笑)。

聖南　そうなんですよね。私も大輝はけっこうあっさり系の男性だと思ってたんですけど。フタを開けてみたらぜんぜん。ふふふ。

大輝　海入ってても「会いたいなあ」と自然に思えてくるというか。これが恋愛だって知りましたね。「俺、今まで何してたんだろうこの20年！」みたいな気持ちなんですよ。『テラスハウス』に入って恋愛する気も特別なかったんですけど。

―それでも聖南さんに恋しちゃったのは？

大輝　初対面でももちろん綺麗だなとは思ったんです。黄色っぽい服を着てて。

聖南　よく覚えてるね！　あれが最初で最後だった。黄色い服着たの。

大輝　ウソでしょ？

聖南　あんまり着ないよ。はい、ごめん。いいよ、話続けて(笑)。

大輝　(笑)。海が近いしウィンドサーフィン頑張るぞ、みたいな感じだったんですよ。だけど一緒に暮らしていくうちに俺だけじゃなくてみんなに優しい聖南さんの姿を、目の当りにしたんですよね。「うわあ、この人、めっちゃ愛があるなあ」、「でもこういう人ってあまりいないなあ」って思って、気付いたら好きになってました。生まれて初めて本気で愛情を捧げている女性です！

聖南　嬉しい。でもちょっと盛ってない？

大輝　って、付き合ってからよく言うけど、本当に盛ってないから。

ぶっちゃけ今すぐ同棲したい！

―おふたりの今後はどうなっていくのでしょうか？

聖南　大輝は学生なのでまずは卒業して。私ももうちょっと人としてレベルアップしないと。具体的な未来に関しては、お互い自立したタイミングでまた考えたいなって思っています。一緒に。ね、まだ付き合ってるでしょ？　その時にも。

大輝　うん！　俺はぶっちゃけると、すぐにでも一緒に住みたいんですけどね。今も聖南さんが忙しくて、デートする日が少ないから普通に寂しいんです。

聖南　今日も一週間ぶりのデートだね。会いたいのは聖南も一緒だよ。

大輝　けどまあ今後のことは大人になって、もう少し言葉に重みが出てからかな。

聖南　大輝には頑張ってもらわないと！　ほら私、本物志向だからね♬

「人間的魅力があるかどうかの勝負で戦っていきたい」

湯川正人

Masato Yukawa（23）プロサーファー

代表取締役をしている会社のショールームにて

海に近い家というメリットを、もっとも活かしたメンバーだ。もっとも早く卒業したメンバーでありながら、その後も番組に継続的に出演し続けた。卒業してもテラスハウスの絆は消えない――その真理を、彼が証明し続けていたとも言える。番組出演前からのプロサーファーという肩書きはそのままに、今は活動範囲を広げていた。

去年の7月から、ALIVEというブランド企業の代表取締役をやらせてもらっています。もともとはここの会社に、プロサーファーとしてサポートしてもらっていたんですね。『テラスハウス』に出たのをきっかけに、iPhoneケースだったり、時計だったりをデザインさせてもらって、そしてある時社長から「信用してるから7月からお前が社長やれや」と（笑）。人間的にだったり、プロデュース能力を認めてくれたんです。

『テラスハウス』を卒業した直後から、芸能事務所にも所属しています。事務所の舞台をやった時期もあるんですが、あまり向いているとは思えなくて、今は休止中ですね。サーフィンと芸能活動とのバランスを取るのが難しくて、パンクしそうになってしまったというのも大きいです。

実は2013年の夏前、サーフィン中に靭帯を損傷してしまって、全治2ヵ月の診断を受

スマホで撮った日常
Masato Yukawa

ハワイのバックドアというポイントでのエアーです。夕陽とマッチしたゴールデンエアー

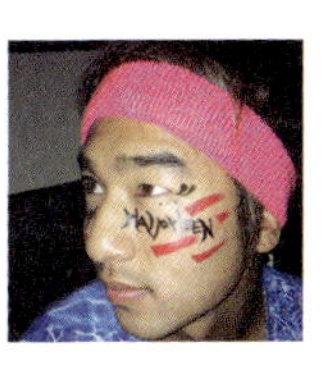
昨年のハロウィンの変装！80's boy style. 笑

スポンサーのVANSでいつも大好きな靴とか服をサポートしてもらっています！靴を選びにいったところです！

けました。精神的にもつらかったんですけど、「サーフィンができないぶん、何か新しいことを始められないかな？」と思いました。毎日トレーニングと芸能の仕事でほかに刺激がほしかったので。そして、たまたま音楽関係の人と出会って、DJを始めたんですよ。小さい頃から周りにはアーティストがたくさんいて、自分もいつかやってみたいと思っていたので。好きな音楽を30分なり1時間なりかけることで、自分を表現する、湯川正人という人間を分かってもらううえで、すごくいい手段だった。今はDJとして、全国を飛び回っています。

アメリカから帰ってきたら環境が急激に変わっていた

第1回放送の時から、テラスハウスに入居しました。きっかけは、プロサーファーでタレントの真木蔵人さんに「友達と一緒にオーディション受けてみろよ」と言われ、親友にも後押しされ受けました。自分の運命は、人との出会いで大きく動いているみたいなんです。オーディションには普通にTシャツ短パン、帽子を後ろにかぶって行ったんですけど……。出演が決まった1人目が、自分だったんです。

だからテラスハウスに入居する日は、一番最初に家のドアを開けたんですよ。6人全員が集まった後も、みんな探り探りな感じだったから、自分から話を切り出したほうがいいのかなと思って。その結果、レストランで初めてのご飯を食べる時に、「出会いに乾杯」みたいなキザなセリフが口から出ちゃうことになりました（笑）。

テラスハウスに入った時期は台風シーズンだったので、毎朝5時起きで、でかい波に乗りに行きました。自分はただサーフィンが好きで、サーフィンのことをみんなに知ってもらいたいということしか頭になかったから、それ以外のことはぜんぜん気にしていなかったです。だからカメラの前でも聖南ちゃんとチューしたし、「そんなのヤラセじゃん」と言う人もいるかもしれないですけど、全部自分の意志で動いていました。テラスハウスで3ヵ月間暮らして卒業した後は、アメリカに行きました。日本に帰ってきたら、環境が変わり過ぎていてびっくりしましたね。街を歩くとみんなが声をかけてきて、番組の知名度が急激に大きくなっていることに気付いて。そうしたらいつの間にか、「卒業したのにテラスハウスにちょくちょくやって来る人」ってキャラになってました（笑）。普通に友達に会いに行く感覚だったし、聖南ちゃんにも会いに行ってましたね（笑）。

次の恋は……、チャンスはあるのですが、まだ大波は訪れてないです（笑）。次に本当に好きになる相手とは、結婚したいなって思ってるんですよ。仕事も一生懸命頑張りたいし、ただ付き合うって時間がもったいないなと思っちゃって、妙に慎重になっちゃってるんだと思う。

大事にしたいのは自分なりのスタイル

去年の2月に両親が離婚したので、今は俺がママと一緒に住んで、別の家で親父は弟と住んでます。弟は5歳下なんですが子供もできました。長男だからママをしっかり支えていきたいし、家族みんなが幸せでいられるように、やれることはきっちりやりたい。海にお世話になってるから、海に恩返しできるようなボランティア活動もしたいなと思っています。

プロサーファーとしては、20歳まではコンテストに出てたんですけど、あまりにも勝負にこだわっていくうちに、サーフィン自体が嫌いになりそうになってしまって。今はフリーサーファーとして、いい映像やいい写真を残し雑誌やメディアに出てスポンサーからお給料をもらって活動しています。全部で6社と契約していますね。

コンペティター（大会をまわっている人）は、試合で勝てなくなったり、年をとり身体がいうこと聞いてこなくなったら厳しくなっちゃいますよね。でも、フリーサーファーは息が長いです。もちろん人それぞれですけどね。もしその人自身に魅力があって、その人なりのスタイルがあったなら、スポンサーはいつまでもその人を通して自分たちのブランドの商品を宣伝する。逆に言うと、スポンサーが応援したいと思う、人間的魅力があるかどうかが勝負なんです。自分としては、そこで戦っていきたい。記録を残すプロサーファーじゃなく、記憶に残るプロサーファーになりたい。

横乗り、音楽、ファッション……。どれかひとつを極めることも素敵だと思うけど、俺は全部をリンクさせるようなスタイルでやっていきたい。夢はひとつ。今までにない人間になること、です。

ALIVEの一番人気商品は、社長が自らデザインした正三角形時計

ブランドマークの三角形は、サーフィンの高波を現している

ゆかわまさと 1992年生まれ、神奈川県出身。2012年10月～12月入居。端正なルックスと幼さを感じさせない落ち着きで、男子メンバーでは圧倒的人気を誇った。ALIVEの社長、DJやタレント活動など、幅広く活躍中。

スマホで撮った日常
Shota Nakatsugawa

これは、僕が個展をやったときに聖南ちゃんが、遊びに来てくれた時の写真です

音楽が好きで、ロッキンジャパンのフェスにいった時の写真

これは、テラハが大好きでつながった、ストレイテナーのナカヤマシンペイさんとの写真です。この繋がりで、ストレイテナーのアルバムのジャケットの絵を描かせてもらいました

けど、画材ごとにまとめていたりと、制作しやすい感じにはしています。奥が寝室ですね。いつも起きるのはだいたい3時ぐらい。えーと、午後のほうの15時です。すみません、むちゃくちゃ起きるの遅いんですよ（笑）。仕事でDJをやっているからってのがあるのと、デザイン関係の打ち合わせなんかもけっこう夜が多くて。かと思えばラジオもやっているので、収録が早いと早起きしなきゃいけなかったり。ちょっと不規則すぎる生活時間なんで、どうにかしないとと思ってるんですが（笑）。あ、でも家にいる時は料理は結構してますよ。鍋が多いですけどね。楽だし野菜も摂れるしって。この家では、基本は自分のぶんは自分達で料理をするんですけど、住人同士で多く作り過ぎたら分け合うこともありますね。そんな感じです。でも普段は打ち合わせや外の仕事へ行くギリギリまで寝てて、何も食べずにそのまますぐ出かけちゃう、っていうことが多いかなあ。それか作品制作が一段落するまで部屋に篭ってます。つい最近も画材にボールペンを使ってみようと思い立って、ずっと絵を描いてて。そういう時は寝ないで描いちゃいますね。制作中は必ず音を流してるんです。音楽か、TVつけっぱなしにしてるか。なんだか無音じゃないほうがいいんですよね。時間帯が時間帯なので、深夜アニメもよく流れてるな。どれが好き、とかはなくて、ただ流してるだけなんですけど。そんな感じで制作に集中して、夜が明けたら寝てって、ランダムな生活を続けています。

アーティスト中津川翔太を作り上げている最中かな

今やってることを一言で説明すると、やっぱり「アーティスト」っていう名前が、一番しっくりくると思います。藝大時代は漆の伝統的な技法を学んでいて、作品制作はずっと続けていますが、さっきお話ししたDJとラジオと、アパレルのデザインや、ロックバンドのストレイテナーのジャケットの絵も描かせていただいたりしていて。ストレイテナーは、ドラムのナカヤマシンペイさんが『テラスハウス』の大ファンだったらしいんです。そんな縁でSNSでつながって、飲み友達になって「翔くん、絵を描いてよ」「はい、やります！」って、今に至っている感じですね。アーティストとしての今の状況は……どうだろう。何をやっていても楽しいし、全部好きなことをやっていると思いますよ。その中に「プライベート・中津川翔太」の時間も一緒に含まれている感じです。飲みに行ったりみたいな、分かりやすく遊びに行く時間は全然ないんですけどね。映画観に行くとか、海に行くとか、そういうのもないなあ（笑）。去年は一度も海に行かずに終わっちゃいました。友達付き合いも仕事周りの仲間が多いです。もちろんテラスハウスで一緒に住んでたメンバー達とは会うし、連絡も取ってますけどね。りっちゃん（北原里英）とか、僕のブランドのニーハイをプレゼントしたら使ってくれてたりとかして。彼女こそ忙しい人だと思うんですけど、マメなんです。

テラスハウスにいた頃はメンバーの恋愛の話を聞く時間もあったなあ。懐かしいですね。あの頃僕は25歳だったんですけど、てっちゃんはまだ10代でしたよね。恋してる姿が初々しいなと思ってました。聖南ちゃんは僕と同い年なんですが、最初の頃の正人くんとの関係とか、すごくおしゃれな恋をしてるように見えましたね。僕は恋愛では受け身というかアプローチできないタイプだったので。

今は作家としてもっと高みを目指さないと！　っていう気持ちが強いです。藝大を卒業してからは余計に。特にアートと社会の繋がり方について考えますね。日本はアートを見る文化はあると思うんですけど、買う文化がまだ浸透していないイメージがあって。デザインや音楽の仕事とは別に、和の文化をテーマにした制作を続けているんですが、自分の作品をビジネスとして成立させる難しさも感じてます。だけど物づくり全般に関わるのは大好きですから、このまま色んな仕事を続けたい。あまり手を広げすぎるのも危険だという思いもありつつ、海外のアーティストでも、ジャンルを超えて制作している人はいますしね。枠に囚われずに「クリエイティブなことをしている中津川翔太」、っていうのをもっと評価してもらえるように頑張ってる最中です。

藝大時代に学んだ漆の技法を使った作品。金箔と漆を重ねて研ぐ

画材はボールペンのみ。大仏や寺社仏閣は好きなモチーフだ

なかつがわしょうた 1987年生まれ、神奈川県出身。2012年10月〜2013年3月入居。テラスハウス入居中は東京藝術大学に在学中だったが、現在は美術作家、デザイナー、DJ、VJと幅広く活動中。ラジオ『中津川翔太と八王子Pのナカルチャー8』（FMFUJI）も好調。

「好きなことをやってる＋仕事人間になってるかもしれない、今」

中津川翔太

Shota Nakatsugawa（27）アーティスト

自宅兼アトリエにて

初期メンバーの中でも一際大人びていた彼。慣れない共同生活で揺れるみんなの良きアドバイザー役として、個性が光っていた。当時、メンバーの中では唯一の彼女持ちだった。結婚する未来を語ってテラスハウスから去っていった彼は、今どうしているのだろうか。現在の生活ぶりやアーティストとしての決意を教えてもらった。

テラスハウスのような生活は今も続けてます

テラスハウスを出る時に決意した通りに、その後付き合っていた彼女と結婚しました。今、僕は仕事の関係で単身東京で暮らしています。この家は、藝大時代から住んでいる一軒家です。今は僕がいる階の上にふたり、下の階にふたりが住んでいて、全部で5人いて。なんだかんだでシェア的な生活は続けてることになりますね。ひとりで使っていた時期もあったんですけど、広過ぎて寂し過ぎて（笑）。やっぱり人がいる生活が向いてるみたいなんですよ。

今は2部屋を使ってて、ここは主に制作のための場所。モノがぐちゃぐちゃなように見える

「今は恋よりも、アイドルの自分を取りたい」

竹内桃子

Momoko Takeuchi（23）アーティスト・アイドル

月１パーティー中の渋家（シブハウス）にて

『テラスハウス』を卒業後も、渋谷にあるシェアハウス・渋家（シブハウス）で共同生活を送っている、ちゃんもも◎。人と交わりながら彼女だけの表現を模索する日々は変わらず、そしてさらに進歩し続けている。パーティーの喧騒の中、彼女が愛する家での暮らし方、テラスハウスで出会った仲間たち、そして今の活動について語ってくれた。

今日は渋家の月に1度のパーティなんです。階段も部屋も、どこも人が目一杯ですみません（笑）。いつもはもう少し落ち着いてるんですけどね。桃は『テラスハウス』に出る前から渋家にいて、今も住んでます。ここをシェアしてるのは15～16人かな。でも桃がパーティに参加するのは久しぶり。２０１４年4月から「バンドじゃないもん！」というグループでアイドル活動をさせていただくようになって。天照大桃子って名前でやっているんです。パーティのある夜も色んなお仕事が入ったりして、今日は半年ぶりにこの時間（22時過ぎ）に家にいます。遅い時は23時過ぎに帰るので。寝る場所はその日によっていろいろ。ここはベッドも個室もないんです。だからリビングで寝たり、荷物置き場で寝たり。渋家は人も場所も密度が濃い。休みの日はメンバーとお菓子作ったり、パーティに出かけたりしてますね。あと家でゲーム。テ

スマホで撮った日常

Momoko Takeuchi

メンバーとして活動中のアイドルグループ「バンドじゃないもん！」で、神奈川県民ホールでクリスマスライブをしました！

渋家で女の子メンバーとガーリーなパーティーをやったときの！ ケーキやデコレーションマシュマロで気分が高まりました

ヴィレッジヴァンガードに、自分の著者が積まれてる様子に感動しての1枚

レビゲームじゃなくて、おでんくんゲームとか飲み会的な。でも最近のお仕事の状況から近くにマンションを借りたい気持ちもあって、ここは応援というか遊びに来る場所にしたいです。経済的にまだそこまでって感じなので、夢ですけどね。

「竹内桃子」としてようやく歩き出せた

朝は、ライブやレッスンがある日は10時ぐらいに起きます。ご飯を食べて、シャワーを浴びて。ご飯は週に3回ぐらいは自炊してます。最近得意なメニューはキーマカレーと、ご飯を生ハムで巻いた「生ハムおにぎり」。美味しいんですよ！ そして出かける前には、神棚のお水を取り替えます。2014年に伊勢神宮に行って、天照大御神の御札を買ったんです。アイドル名に天照を使わせていただいているので、名に恥じぬように「ちゃんとしなきゃ！」って思って。今のところほぼ毎日続いてる習慣です。『テラスハウス』を卒業した直後は「竹内桃子として自立しないと」って思いが強かったですね。でも昨年は自叙伝を書かせていただいたり、グラビアに挑戦したり、「バンもん！」の活動があったりと、個人として歩み出せてきている気がします。もちろん全ては『テラスハウス』があったからなんですけど。「バンもん！」に参加したきっかけは、ちっちゃな頃からステージに立って、アイドルやりたいって思ってたから。ライブを経験して男性とも仲良くなれるようになりましたね。渋家で一緒にいる人達はお兄ちゃんや弟みたいな存在だから、また別の感じなんですけど、お仕事で会う初対面の方とか、友達の友達の男の子が苦手だったんです。それもアイドルを始めてから平気になりました。

恋愛はいまだに課題。経歴は汚れないままアイドルになりました

アイドルだから恋愛のことは……ってイメージありますよね。大丈夫。ちゃんと話せますよ。『テラスハウス』に出てメンバーのみんなに素敵な物語を見せてもらったことで、桃も王子に「好き」って感情を持つことができた。でもそれは感謝で完結してて。で、いざ渋家に戻ったら、やっぱり出会いも増えたし。「これはもう恋するしかないんじゃないか！」って、自分の中ですごいテンションがあがって。……って時にちょうどいい人が現れまして（笑）。一昨年の夏から去年の1月ぐらいまでかな？ でもね、付き合ったりはしてないんです。そこは桃の中で重要なんです。「片想いしてるぞ！」みたいなモチベーションが幸せみたいな。だけどその後に、やっぱり違うなって感じることがあり、また恋愛へのやる気が落ちてきてしまって（笑）。桃には恋愛は合わないのかなってタイミングで「バンもん！」のオーディションからデビューの流れになり、結局、私の経歴は汚れないままアイドルになりました（笑）。

今はね、アイドルだからとかじゃなくて本当に恋愛の話題がないんですよ。グラビアは、そんなこともあって、23歳の自分の身体を誰かに見てほしくてやってる部分もあります。だけど「バンもん！」のファンの方のことは、みんな好きになっちゃいそうでハッてなってます。ライブのあとにチェキの撮影会とかやるんですけど、デートに行く前くらい緊張してますから。でもそれ以外は友情のほうが熱いかな。渋家の仲間もTV出たからって偏見持つ人たちじゃないし。渋家以外の場所で、急に人に寄ってこられて怖かった時期も一瞬あったけど、でも自分が逆の立場でも、TVで観たことあるから安心して喋りやすいよねってプラスに捉えられたし、それに渋家の仲間とは深い部分を共有できてる。テラスハウスメンバーの中では、（近藤）あやちゃん、遼子、フランキーと仲良いです。あとりっちゃん（北原里英）。あやと遼子はいないと辛い（笑）。フランキーも。彼女たちは人にどう見られるかを気にしないところが大好き。喋ってると自分らしくいていいって気持ちになれます。りっちゃんはずっと優しくて、側にいてくれます。最近、この世界全部が自分の思った通りの妄想なんじゃないかってくらい、良い友達しかいないんです（笑）。

「『ヘルタースケルター』は桃の好きな90年代の空気を感じるマンガ」

渋家地下の部屋。パーティー時にはクラブスペースになる

たけうちももこ 1991年、神奈川県出身。2012年10月〜2013年3月入居。作家志望でテラスハウスに入居し、卒業後はアーティストとして活躍中。アイドルグループ「バンドじゃないもん！」のメンバー・天照大桃子としても活動中。

スマホで撮った日常
Rie Kitahara

マンガが好きです……いやマンガというより陳列フェチで、マンガが並んでるのが好きです

浅草寺に初詣に行ってきました！おみくじの結果は吉。うーん…まずまず…といったところでしょうか

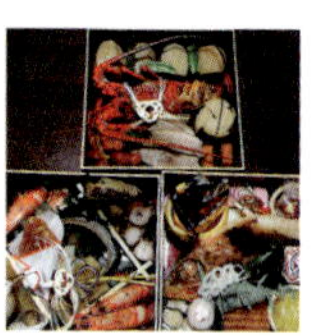
家族で食べたお節！昔はお節があまり好きではなかったけど、今はいろいろ食べられるし大好きです！

えばこれ！」っていうものがなく歩んできたんです。だから『テラスハウス』という代表作……という言い方はヘンかもしれませんが、皆さんに知ってもらっている自己紹介的なモノができて、本当に良かったなって心から思っています。

初期メン（第１期メンバー）になれたのも嬉しかったんです。AKB48でも、何もないところからグループを作り上げていった初期メンの皆さんは、尊敬されています。２期以降のメンバーはみんなどこかで、「初期メンの皆さんがいたからこそ、自分たちがいる」という感覚があるんです。ちなみに、私は５期生でした。初期メンに対する憧れを、『テラスハウス』では叶えられたという感覚がありますね。みんなに感謝してもらえたりとかするので、ラッキーって（笑）。

みんな結局
他人のいざこざが好き

あの家に住んでいた３ヵ月は、それはそれは本当に素敵な時間を過ごせました。寝食を共にすると、仲が良くなるスピードがめちゃくちゃ速いんだなって思いましたね。

それまではAKB48という世界が私にとってはほとんどすべてで、視野がすごく狭かったんですよ。でも、違う職種の方と触れ合っていろんな話をしていくなかで、考え方が180度くらい変わったんです。自信にもなったんですよ。聖南さんとかまーくんが素直に「アイドルの第一線で活躍してるのってすごい」と心から褒めてくれて、聖南さんはモデルを目指してたから「私もそういうふうに頑張りたい」みたいに言ってくれて……。「こういう考え方もあるんだ」っていう新しい考え方も発掘できたし、すごいポジティブになりましたね。

てっちゃんに好きになってもらえたことも嬉しかったです。そもそもあんまりデート自体をしたことがないですし、恋愛禁止のAKB48に入ってからは、男の子と一緒に水族館に行くなんてことはできなくなったわけで。しかも、他の男子メンバーから「てっちゃんがデートどこ行こうか悩んでた」みたいないきさつとかも聞けるわけですよ。誰かにこんな好きになってもらえるのって、こんなに幸せなことなんだって思ったんですよね。……今、話しながら泣きそう。クリスマスだからかな。

とか言いつつ、てっちゃんが海辺で手を握ってきた時は、バッと払っちゃったんですけどね（笑）。てっちゃんの手を払って、「それ、やだ」。無駄な言葉がひとつもない（笑）。ファンのみなさんに「名シーンだったね」と言われることも多いので、それでてっちゃんには許してもらいたいと思います！

実は、卒業した後は、番組を観るのをしばらくやめていました。てっちゃんがすぐ華ちゃん好きになったのを観ちゃって、「おーい！」となって（笑）。あの家に他の人が入ってくることに、ちょっと嫉妬しちゃう感覚もありました。なので、自分がいた頃とかぶっていた人がだいたいいなくなってから、また観出したんです。

やっぱり他人の恋愛って、見たり聞いたりするのが楽しいじゃないですか。人は結局、自分に関係のないところで起こるいざこざとか絶対好きなんですよね。私がいた頃も、本当に６人は仲が良かったんですけど、ゴミ出しとかのことでもめた回があったんです。まあ〜、いつもより多くの人達が観てくれたらしく（笑）。『テラスハウス』が流行った理由はそのあたりにあると思います（笑）。

伝説の番組になるかどうかは
これからの私達次第です

去年の夏は（小貫）智恵ちゃんとあやちゃんと、３人で鎌倉旅行に行きました。誕生日会などでちょいちょい会ううちに仲良くなって。一緒に住んでいないのに、あの家に住んでいたというだけでファミリー感が生まれる、これもテラスハウスマジックだと思います。

番組が終わるって知った時は本当にびっくりしたし悲しかったんですけど、ピークの時期に終われるというのは、ある意味良かったのかもしれない。この先、各々が頑張って自分の道を進んでいって、その道で一流の人と言われるようになった時に、初めて『テラスハウス』が伝説の番組になると思うんですよ。「えっ、みんな『テラスハウス』出身なの?」、「『テラスハウス』すごくない!?」みたいな。

自分自身のためだけでなく、『テラスハウス』を一緒に作り上げてくれたスタッフさんたちのためにも、絶対に売れたい。「『テラスハウス』は神番組だった」と言われるかどうかは、これからの私たちの頑張りにかかっていると思うんです。

メンバーだけが入れるLINEのグループメールをチェック中

同期の湯川正人がプレゼントしてくれたイヤホン。重低音抜群

きたはらりえ 1991年生まれ、愛知県出身。2012年10月〜12月入居。2007年よりアイドルグループ・AKB48のメンバーとして活動。選抜総選挙で上位入賞を果たすなど、人気メンバーとして知名度が高い

「誰かに好きになってもらえるのって、こんなに幸せなことなんだ」

北原里英

Rie Kitahara（23）アイドル

出版社の会議室にて

「恋愛禁止」を唯一絶対に掲げるアイドルグループ、AKB48。そのフロントメンバーのひとりが、男女6人の共同生活をドキュメントする新番組に出演する、というニュースは衝撃だった。番組開始当初は、彼女の存在が視聴者の興味を引き付けてきたことは間違いない。そんな彼女は今、『テラスハウス』に感謝していると言う。

今日は朝からずっとバラエティ番組の収録で、今は出版社さんの会議室にお邪魔させてもらっています。予定が夜まで入っているほうが嬉しいんですよ。すっごい寂しがり屋なので、ひとりで家にいたくないし、常に誰かと一緒にいたいんです。もともとルームシェア向きの性格だったんじゃないかな、と思います（笑）。

私にとって『テラスハウス』に出演したことは、AKB48の一員として、アイドルとして活動を続けていくうえで、本当に大きな経験になりました。それまでの私はCDシングルの「選抜」に入れていただいてはいたけれど、良くて3列目で。AKB48の他のコたちより特別秀でたところもなければ目立った特徴もない、「北原里英と言

「みんなが集まればそこが、テラスハウスだから」

今井華

Hana Imai（22）ギャルモデル

プロデュースするブランドのショップにて

カリスマギャルモデル、という肩書きとのギャップが魅力的だった。料理上手で、おかしなことがあればぴしっと口に出して言う「正義」の人という印象も強い。彼女の満面の笑みが、どれほど周囲の心をほぐしただろう。初めて恋を成就させたカップルのうちのひとり、というのも納得。彼女の「パイプス」は今ももちろん、健在だ。

プロデュースしているFLOVEというアパレルブランドの打ち合わせで、ショップが入っている広尾のビルに来ました。デザインから布選びから染色から、全部チェックしていますね。ほかにも美容系のグッズのプロデュース業だったり、自分が「いい」と思うものを形にするという、素敵な日々を過ごさせてもらってます。

『テラスハウス』という社会現象を起こすくらいの番組に出させてもらったことは、自分にとって大きなターニングポイントになりました。もっと視野を大きくして、自分のお仕事だったり人間関係だったりを広げたいなって思わせてくれたのも『テラスハウス』だったし、「自分を世に出させてくれてありがとう」と思っています。でも、そんなことはある意味どうでも良くて。それよりもやっぱり、メンバーと出会えたことがでかすぎます。「友達が増えました」とかじゃない。「家族が増えま

スマホで撮った日常
Hana Imai

TOYAMA GIRLS UP FESTAに出演した際に、けんけんとステージ脇で写真を撮りました!

11月の私の誕生日を渋谷の仲間達が祝ってくれました!

愛犬との家でのツーショット!

した」って感じなんですよ。みんなに「出会ってくれてありがとう」と言いたいです。

湘南への道のりは遠かった でも、今はそれすら愛おしい

今でこそ最高だったなって思っていますけど、2年前に『テラスハウス』のオーディションに受かった時は、大泣きしました。当時は週7渋谷で遊んでるくらい、渋谷が好きで渋谷の人が好きでっていう人だったんで、湘南に行くのがイヤだったんですよ。「渋谷から離れたくないよー!」って。

事務所から「オーディションに行ってくれ」と言われた時は、番組のこともよく知らなかったし、「オッケー」みたいな能天気な感じだったんですよね。でも、どんどん面接が上に進んでいって、これはマズいぞと。「素の方がきっと嫌われるんじゃないかな?」と思って、最終面接も「ちゃーす! 今井華、ギャルやってまーす」みたいな普段のノリで行ったら、逆にそこがいいって言われちゃった(笑)。

テラスハウスに入ってからも、なんにも自分を取り繕わずに生活してました。だから王子(岩永徹也)にあやちゃんのことで言いたいことを言いたくなっちゃった時も、くまモンみたいな顔で男子部屋に乗り込んじゃったんですよね。普通はいくらなんでも、鏡を一発見るぐらいのことはしますよ。

今振り返ると、初日がすごく大事だったのかなって思います。聖南さんとかももちゃん(竹内桃子)がすごくフランクに話しかけてくれて、初日から腹を割って話してくれて。みんなが先に心を開いてくれてたから、私も心が開けて、生活がしやすい環境にどんどんなっていきました。唯一つらかったのは……渋谷までの通勤! 今となってはその道のりも、愛おしく感じますけどね。

「恋なんて絶対しないだろうな」と思ってたのに、まんまとしちゃいました。「後楽園ホールマジック」って言ってるんですけど、かっこよく見えちゃうんですよねぇ、アスリートって(笑)。試合の後で大樹に「好き」って言われた時は、自分の気持ちをそのまま言葉にしました。「2戦2勝じゃん」。うん、名言(笑)。自分で自分を褒めましたもん。

結果的に1ヵ月で別れることになっちゃったのは、私が大樹に抱いていた「好き」という気持ちが、恋人としての感情ではなかったのかなと。アスリートとして闘ってる姿を見て側でサポートしてあげたいっていう、家族みたいな愛情だったのかもしれない。ただ、恋人同士だったあの1ヵ月があったからこそ、大樹とはその後何倍も仲良くなれたと思っています。

卒業後は、洋さん(今井洋介)にグイグイ来られた時期もありましたね(笑)。今でもちょいちょい来るんですよね、冗談で。常に〝ワンチャン〟を狙ってる感じ、さすが洋さんだなと(笑)。ただ、私も今は別の恋をしているので。常に誰かしらにときめいてるのが、自分のバイブスを上げる秘訣なので。

鍵は開けておくから いつでも来いよ!

『テラスハウス』のメンバーはみんな、ひとりひとりが相当パワーを持ってると思うんです。全員が揃ったら、日本を動かす何かをできる気がします、私(笑)。今もみんなとはほんっとに仲いいんですよ。ぶっちゃけ、昨日もずっと一緒にいました(笑)。

今私は普通におうちでひとりで住んでるんですけど、もはやメンバーのたまり場です。『テラスハウス』の最終回も、うちで智恵とあやとみち(山中美智子)と私、てつ(菅谷哲也)と(筧)美和子と、飲みながらみんなでTVを観てましたね。その輪の中に自分がいられることも嬉しいし、人と人がつながってるのを見るのがすごく好きなんですよ。LINEのグループメールで「誰々と誰々が最近仲いい」とかいうのを知ると、自分のことのように喜んじゃう人なんですよね。

いつでも部屋の鍵は開けておくんで、いつでも来いよって感じです。テラスハウスはもうなくなってしまったけど、みんなが集まればそこが、テラスハウスですから。

いまいはな 1992年生まれ、埼玉県出身。2013年1月～6月入居。ブランドFLOVE(フローブ)を展開中。2014年放送のドラマ『私のホストちゃんS～新人ホストオーナー奇跡の密着6ヵ月』では女優業に初挑戦。

サンプルチェック中。言うべきことははっきり言う姿が印象的

スマホで撮った日常
Daiki Miyagi

絶賛ハマり中の漢気サウナ会。洋さんとはよく遊びます

初のCM。共演者は、ちゃんはな！

アネキの舞台観劇。似てる？

の知名度があれば、定期的に役者のお仕事をもらえて、順風満帆に生活できるくらいのはあるのかなと、浅はかな考えをしていた。

しかもこの間、僕が演技レッスンを受けてるのをカメラに撮られて。いつもぜんぜんできてないんですけど、いつもよりもっとできてなかった(笑)。生まれて初めて、カメラに緊張しましたね。『テラスハウス』にいる時はまったく気にしてなかったんですけど、カメラの前で演技するってこんなにも難しいんだなって思いました。「演技してます、僕」って感じになっちゃってて。その映像を見てもらったら、『テラスハウス』は本当に台本がないんだっていうのが証明できると思います(笑)。今年はめちゃくちゃ頑張らなきゃだな、と思ってますね。

番組に出ていなかったら現役を続けていたと思う

『テラスハウス』のオーディションを受けた理由は、有名になりたかったからです。その頃僕がやっていたキックボクシングという競技は、決してメジャーなスポーツではなかったので、試合にお客さんを呼ぶためには、実力だけじゃなくて知名度も必要でした。オーディションを受けた3ヵ月後くらいにタイトルマッチが決まっていたので、「絶対に受かってやる！」って。

チャンピオンにもなれて、華ちゃんともカップルになって。今まで出会ったことのないタイプの仲間もいっぱい来たし、運命が変わりましたね。『テラスハウス』に入ってなかったら、まだ現役を続けていたと思うし。番組が、キックボクサーの日常を記録しようとしてくれたからこそ、僕はあの時病院に行こうと思ったし、詳しい脳の検査をした結果、腫瘍ができていてドクターストップということになりました。

やめた後の自分は、ブレッブレでした。そこに関しては100%認めます(笑)。子供が好きだったから、「子供と遊んでお金もらえるって、こんなにいい仕事ないんじゃないの?」って軽い気持ちで保育士を目指すようになったけど、浅はかでした。ただ、良かったなと思うのは、早めに進路を変えることができたこと。あの家の中って、3倍速、5倍速で時間が進む感じがあるんですよ。将来についてのシミュレーションが一気に頭の中で進んで、俳優という道を見つけ出すことができました。

会うたびにふたりが綺麗になっていくんです

あの家の中では、恋に関しても5倍速でした。そのへんが、視聴者によってはヤラセだと思うんでしょうね。「そんなに早く人を好きにならないだろ?」って感じじゃないですか。でもね、ホントに早いんですよ。マジックがあるんです。というか、かわいくて毎日会ってて ちょっと優しくされたら、男って好きになっちゃうじゃないですか(笑)。

1ヵ月で別れちゃったけど、華ちゃんとは今でも仲良いです。告白を断る形になっちゃったけど、みーこ(筧美和子)ともそう。そういえば、引退式の打ち上げの時に、俺とみーこがオーバーオールを着ていたから付き合ってるって噂になったみたいですけど、もし付き合ってたとしたら、あんな公共の場でペアルックなんかしないですよ。あの日はそもそも僕、みーこが来るって知らなかったですから。

最近の悩みは、『テラスハウス』のメンバーでたまに集まることがあるんですけど、女の子達が会うたびに綺麗になってるんですよ。華、美和子。あのふたりは今、おそろしいくらいです(笑)。「なんで俺のことなんて好きになってくれたの?」って思う。

もっと言うと一番の悩みは、世の中にはかわいい子が多過ぎるってことで(笑)。『テラスハウス』にいた頃は3対3だったから、「じゃあ、3人の中で恋人にするんだったら誰?」って感じで、ひとりを選べたんだと思いました。今はもう、ひとりに決めるなんて、できないよって思っちゃいます。できないからどうするかというと、選ばない。近寄りもせず、見ているだけ(笑)。まずいです。

でも今は、俳優としてめちゃくちゃ頑張らなきゃいけない時期なので。格闘技経験があるのでアクションが必要な役もやってみたいし、役の中でいい恋ができればそれが最高かな、と。まずは2015年を飛躍の年にして、2016年でデカい役、絶対ぶんどりたいと思います！

ベッド脇の机で台本を広げ、お芝居の指南書を読むことが多い

キックボクシングを引退した際、家族が作ってくれたフォトアルバムは愛に溢れている

みやぎだいき 1990年生まれ、神奈川県出身。2013年1月〜12月入居。2009年9月、キックボクサーとしてプロデビュー。2013年3月、第4代RISEバンタム級王者に。同年8月、引退発表。俳優の道を歩む。

「将来のことも、恋のことも。あの家の中では5倍速でした」

宮城大樹

Daiki Miyagi（25）俳優

世田谷区の自宅マンションにて

男性陣にも女性陣にも頼られるムードメーカーだった。キックボクシングのチャンピオンへと駆け上がっていく姿を見つめていた視聴者は、クモ膜のう胞が見つかり、引退を余儀なくする姿もまた見つめることになった。男泣きに、泣かされた。道に迷う姿に、共感した。『テラスハウス』のドキュメンタリー性は、彼の存在が証明している。

2013年の12月に『テラスハウス』を出た後は横浜の実家にちょっといて、去年の2月からこの家に住むようになりました。その頃はまだ、保育士の仕事もしていましたね。役者の仕事があって卒園式には出られなかったんですけど、担当していたクラスの子たちが出て行くタイミングで、僕も俳優一本の生活を始めました。

……正直に言うと、もどかしい毎日です。舞台はちょいちょいやらせてもらってるんですけど、演技にどっぷり浸かれている状態では決してなくて。時間に余裕のある時に何をやればいいのか、分からないんですよ。格闘技をしていた頃は、やることとは分かってたんですけど。もうちょいうまくいくかなぁと思ってました。『テラスハウス』

「薬剤師の仕事を辞める覚悟は、いつでもできています」

岩永徹也

Tetsuya Iwanaga（28）薬剤師、モデル

勤務中の薬局にて

テラスハウス入居中からモデルと薬剤師を両立させてきた王子。メンバー内でも随一の穏やかなキャラでもある彼だが、その一方でストイックで男らしい一面も持ち合わせている。今の王子にとってのホームのひとつである薬局で話を聞くうちに飛び出した、意外な言葉。ここまで大胆発言をする理由は——。

薬局の開店が9時からなので、朝は7時半ぐらいに起きます。午前中や夕方は混むんですが、その他の時間は余裕があるかな。勤めているのは週に3日ほどです。19時半に閉まるまでの間に1時間ぐらい休憩があるので、途中で一緒に働いている人と交代でお昼をとって。外に食べに行くこともあるけど、2階に部屋があるので、そこでお弁当とかパンとか買ってきて食べたりしますね。

基本的には、営業時間中はお店の中にずっといます。一緒に働いている人もみんな優しくて、職場環境は恵まれてると思います。お客さんがあまり来ない時間帯には本を読んだり、勉強をして。最近は休憩中にちょっとした筋トレをひとりでするのが楽しいですね。

お店にいるとたまに「『テラスハウス』の王子ですよね?」って聞かれる時があります。ほかのお客さんがいなくて、周りに迷惑がかからなさそうな時だけ

スマホで撮った日常
Tetsuya Iwanaga

年末に新しく自分の名前入りのベースを購入しました。毎朝7時に起きて、仕事前に練習しています

部屋のマンガコーナーです。日本マンガの海外版が好きで、『ONE PIECE』、『名探偵コナン』、『SLAM DUNK』、『デスノート』があります

ウェディングの撮影をよくやっています。日本中の式場に行ってるよー

は「はい、そうです」と言って、ちょっとだけお話させてもらうこともあります。今の薬局ではあまりないですけどね。

ここで働いていないほかの日はモデルをしています。オーディションも週に2回ぐらいは受けに行っていて。去年は勝ち抜く回数も増えて、仕事も幅が広がってきました。今、YouTubeで『岩永兄弟TV』っていう映像も配信してるんですけど、これも仕事というよりプライベートの延長でやっている感じで。事務所が一緒で僕と苗字が同じの、岩永君って子とふたりでいろんなことに挑戦する企画なんですよ。今は都内でロケをしたり、富士山に登ったりしていて。いずれはホノルルマラソンもやりたいねって話をしています。

大樹君と洋さんは尊敬できる存在

『テラスハウス』に出て、色んな人と知り合う経験ができたって感じています。薬剤師の世界は大学に入った時点で将来の方向性が決まっているので、若くして現状に満足してしまう人も多くて。だけど僕は芸能活動という目標に向かってまだまだ努力していきたいし、薬局は安心できる場所だけれど、薬剤師の仕事を辞める覚悟はいつでもできています。だから夢を追っている友達ができて良かったなあって。

メンバーの中で特に話しやすいのは大樹君ですね。やる時はやるし、いつも明るいですよね。今も仕事の現場でけっこう会うんですよ。大樹君、僕だったら思いつかないようなことを茶化して言ってくれたりするから、今オーディションで「はっちゃけてみて!」って言われた時は、大樹君を想像して動いています。仕事だけじゃなくてプライベートでもそうですね。大樹君を見習うと、周りの人と自然に溶け込めるということも、一緒にいて発見したんです。テラスハウスに入るまでは、年が近くてそういう気持ちを持てる人になかなかめぐり逢えなかったので感謝しています。

あとは洋さん。僕がテラスハウスに住んでいた時は、他の子は19才や20才ぐらいだったんです。聖南さんはわりと年が近かったですけど、僕だけ少し上だったから、みんなとどう接したらいいのか分からずに遠慮してしまっていた部分もあって。でも洋さんは僕よりも2才年上で入ってきて、自由というか、自分の意見を言ってから相手のことも考える、みたいな姿を見せてもらったので。あ、なんか10才ぐらい年下の人にも、わがまま言ってもいいんだと。住んでた時期は入れ替わりだったけど、洋さんの存在も勉強になっています。

好きな女性は変わらず今は男としての修行期間

恋愛は、聖南さんへの片想いが終わったあとは、してないです。テラスハウスに入る前からタイプのタレントさんがいて、それは変わってなくて。薬局の中にあるTVに映ると好きだなあと思って観てて、みたいにあんまり進歩してません。でも番組を卒業してから仲が深まった異性はいます。3つ下の妹です。前よりも尊敬してくれるようになりました(笑)。地元の長崎県に住んでいて、東京の僕に会いに来てくれる回数が増えたんです。

ほかに若い人と知り合えるとしたらモデルの現場なんですけど、仕事仲間って感じがしてしまって。なかなかときめくところまでいかないです。元気で明るくて自立してる女性を好きになりたい気持ちは変わらないですけどね。結婚願望もありますよ。子供は好きなので、一緒に楽しみながら勉強をさせる教育パパになると思います。でも20代のうちは結婚しないかな。今は男としての修行期間というか、仕事に挑戦していきたいので。

これからはお芝居もやりたいなと思っていて、理想の俳優は阿部寛さんです。『MEN'S NON-NO』のモデル出身という共通項もあるし、憧れの存在ですね。それでいずれは勉強を教えるドラマに出てみたいんです。教育系の番組に関わるとか、やってみたいです。

いわながてつや 1986年生まれ、長崎県出身。2013年2月～6月入居。慶應義塾大学大学院薬学部を中退後、'09年から'14年まで雑誌『MEN'S NON-NO』の専属モデルとして活動。『テラスハウス』を卒業後は、薬局勤務と、広告やバラエティ番組などで活躍中。

空き時間には店頭商品の整理もする。薬剤師として医薬品全般について、幅広い知識を持つ

窓口では処方せんについての服薬指導をする。何気ない会話を交わすのが楽しい

スマホで撮った日常

Aya Kondo

愛犬チョコラ! 実家にいる時、いっつもくっついてくる♥ぬいぐるみみたいでしょ?

海の近くのフルーツスタンドバー。お気に入りはバナナシェイクとマンゴーシェイク。果物が本当に美味しい！

フィリピンのsinulogという代表的なお祭り! この日は一日中、ペンキをつけ合いながら踊る!

私のスタイルブック『わりと、近藤です。』で対談して以来、急激に仲良くなった桃ちゃん。フィリピンまで会いにきてくれた!

桃ちゃんとAKI君。3人で集まる時は絶対韓国料理屋さん!! 私の誕生日をサプライズでお祝いしてくれました!

自宅のソファです。ここで勉強したり、ブログ書いたりしてます!

自宅のキッチンまわり。充実の果物からミックスジュースを作ってます!

す。『テラスハウス』に入った時にちょうど就職活動が重なっちゃったこともあり、将来のことは何も決めずに今まで過ごしてきてしまいました。「自分はこれだ！」っていうものを見つけたくて、こっちに来たというのもありますね。

ただ、とにかく今は、勉強、勉強、勉強の毎日です。平日は朝9時から夜6時まで学校で、授業が終わった後は居残り勉強したり、クラスメイトとご飯を食べに行ったりしています。友達もたくさんできました！　韓国人、台湾人、中国人、ロシア人。国ごとにまとまっちゃってるんですよ、グループが。そこにひとりでポーンっと入っていって、慣れない英語で喋ると、面白がって受け入れてくれるんです。

日本人の生徒もいるんですけど、その子が『テラスハウス』を観ていたらしくて、「あやちゃん、テレビに出てたんだよ」って広まっちゃって。フィリピンにも『テラスハウス』みたいな『ビッグ・ブラザー(Big Brother)』という番組があるらしく、うちの学校では最近『テラスハウス』がちょっと流行ってます(笑)。でも、映像は観られるけど日本語は分からないので、私がみんなに英語で説明しているんですよ。ノートに人間関係の図を書いて、「この人とこの人がね……」って矢印を引っ張って。そうしたら、「あぁ、すごい家だね」みたいな(笑)。聖南さん絡みの話は盛り上がります！　あと、みーこと華ちゃんも。どこの国でも、三角関係は面白いみたいです。

この画面の向こう側に入ってみたいと思ったんです

『テラスハウス』にいた3ヵ月間は、ただただ一言、「本当に楽しかった！」です。私はただの大学生だったので、みんなみたいに職業があったわけではないし、卒業のための単位も取れていたので、あの家の暮らしと鎌倉を満喫したっていう感じで。朝、みんなのことを「いってらっしゃい」みたいな感じで送って、帰りも一番早く帰ってきて「みんな、まだかなぁ……おかえりなさい！」(笑)。

そもそも、私は普通に番組のファンだったんですよ。番組を観始めたきっかけは、友達と一緒にテスト勉強してる時に、「ごめん、どうしても観たい番組があるんだけど」って。それが『テラスハウス』の年末総集編だったんです。そこからネットで昔の映像を一気に観たら、まず共同生活が面白そうだと思ったし、男女の恋のやりとりがリアルで。単純に、この画面の向こう側に私も入ってみたいなと思ったんです。ホームページでメンバーを募集していたので、応募してみました。

放送をずっと観ていたので、自分がテラスハウスに入って惹かれるとしたら、王子(岩永徹也)だろうなとは思っていました。でも、王子は聖南さんのことが好きっていうのも知っていたし、本当に恋をするとは思っていませんでした。でも、聖南さんが卒業したことで思いが加速しちゃったというか、動いちゃったな、みたいな。

王子に会ってみたら、テレビで観ていたそのまんまだなぁって思いました。私、ちょっとヘンな人が好きなんです(笑)。何考えてるかわかんないみたいな、ミステリアス系が。でも、王子は私に対して、そういう目線じゃないなって分かってました。フラれたのは悲しかったけど、今も仲良くおしゃべりができる、大切な仲間のひとりです。だけどそれから恋ができていないのは、王子のせいかもなぁ(笑)。

暇人の私が情報収集して仲間と仲間をくっつける！

今の部屋は一応、3ヵ月の予定で借りています。簡単に更新できるので、日本に帰る日取りはまだ未定ですね。

楽しいけど、寂しいですよ。テラスハウスのみんなと会いたいなと思います。私にとってメンバーは、なんでも話せるし、一番落ち着く存在なんです。一緒に住んだことがなくても、あの家で暮らしたことのある人はみんな、テラスハウスファミリーです。

日本にいた時は、ついついみんなを集めちゃってましたね。みんな忙しいので、暇人の私が情報を収集して。この子とこの子はこの日なら空いている、じゃあこの夜にみんなで集合ね、みたいな感じでメールを回して(笑)。

映画ではまた増えたんですよね、新しいメンバーが。日本に帰ってから、会えるのが楽しみです。『テラスハウス』は終わっちゃうけど、絆は絶対消えないと思います。私が消させないですね。みんな自由だから、あちこち行っちゃうところもあるけど、もしも途切れそうな人達がいたら、私が裏で動きます！(笑)

オートバイに屋根付きのサイドカーがついたトライシクル。3、4人は乗れる! 運賃は毎回値切ってます(笑)

学校の友達と海で。韓国、台湾、ロシアなどなど、いろんな国の友達ができた! 留学って本当に楽しい!!

こんどうあや 1991年生まれ、埼玉県出身。2013年4月～7月入居。卒業後は事務所に所属し、タレント活動を開始。大学も卒業し社会人1年目となった2014年12月、フィリピンへの語学留学を決行した。

「テラスハウスファミリーの絆は絶対消えない。私が消させないです！」

近藤あや

Aya Kondo（23）留学生

フィリピンの賃貸マンションにて

好きな人がいる人を、好きになる——片思いのせつなさを伝えてくれたメンバーだ。当時は大学生だったが、現在はモデルやラジオパーソナリティーなどタレント活動を行っている。もともと『テラスハウス』のファンで、入居できた喜びを誰よりも噛み締めている。ほかのメンバーから「仲がいい」ともっとも名前が挙がったのは、彼女だ。

日本にいるみなさん、『テラスハウス』メンバーのみんな！お久しぶりです。

私は去年の12月から、英語の勉強をするためにフィリピンの語学学校に留学しています。私の母はフィリピン人なんですけど、母も兄も、英語がペラペラなんですよ。いつか自分でも話せるようになりたいなとずっと思っていて、貯金もできたし、急に思い立ってこっちに来てしまいました。今は一応、事務所に所属しているんですけど、いろいろ自由なんです（笑）。

年齢的には、新卒１年目で

「まだ無名だった時期に出会ったからこそ、ここまで仲良くなれた」

筧美和子

Miwako Kakei (20) 女優、グラビアアイドル

『テラスハウス』に出演したことで注目度を一気に高め、ブレイクした筆頭メンバーだ。抜群のプロポーションを持つグラビアアイドルとしてキャリアをスタートさせたが、今や同性が憧れるモデルでもある。連続ドラマのレギュラーを務めるなど、女優業も本格化させた。卒業後、がむしゃらに駆け抜けてきた日々を振り返る。

『JJ』企画ページの撮影現場にて

『JJ』の専属モデルをさせていただくようになって、半年以上が経ちました。ファッションやビューティのページだけではなく、今日みたいに企画ページの撮影をすることもあるんですが……"テラスハウスのみーこ"が料理を作っているイメージはないですよね（笑）。自分でもそろそろ料理を覚えなきゃなと思っていたところだったので、今日の撮影はすごく勉強になりました。

ずっと実家暮らしだったんですが、ひとり暮らしをしようと思って今、本格的に物件を探し中なんです。『水球ヤンキース』や『黒服物語』など連続ドラマに出演させていただけるようになってから、家でセリフを練習するのにも「ひとりの方が集中できるのかな？」と感じ始めて。もしうまく進めば、この本が出る頃には、引っ越しが終わっているかもしれません。

『テラスハウス』のおかげで今こうやっていろいろなお仕事が

スマホで撮った日常

雑誌で男装しました！かなり男っぽくなりました

20歳になりました！ビール！

いとこのたいたいと一緒に。かわいいー

ファッションショーでハワイに行きました！

華ちゃんと京都に行きました！（てっちゃんも現地で合流）

『JJ』の撮影にて前髪をバッサリ切りました！

できているので、本当に感謝です。オーディションを受けたいと思った理由は、私は当時グラビアの仕事を始めたばかりで、売れていなかったから（笑）。この番組をきっかけに、もっと仕事を増やしていきたいっていう気持ちがありました。でも、それ以上に大きかったのは、単純に番組のファンだったからです。お母さんと一緒にハマって毎週観ていて、「あのおうちに私も行きたい！」って。実は事務所の人からは、ちょっと反対されたんですよ。私生活を見せ過ぎちゃうことになるので、「タレントとしていいことなのか？」っていう。でも、「楽しそうなんです！」と説得して、出演することになりました。

「失恋をした」のではなく「素敵な恋をした」

テラスハウスにいた8ヵ月間は本当にいろんなことがあったけど、今はもう全部ひっくるめて「楽しかったあ〜！」と思っています。私は東京生まれ東京育ちの都会っ子なので、都会から離れるようなこともなかったし、身の回りの友達とはぜんぜん違うタイプの女の子や男の子と、共同生活をして仲良くなるのは初めてで。すごく大きかったなって思うのは、私自身もそうだったんですけど、メンバーはあの頃みんな仕事でうまくいっていなかったり、まだまだこれから頑張っていかなきゃって人が多かった。そういう時期に一緒にいれたからこそ、励まし合えたし、たくさん助けてもらったし、仲良くなれたんですよね。

もちろん、ちょっとぶつかることもありました。お互いそれぞれの生活習慣を持っているわけですけど、一緒に生活するとなったら、その違いが見えてきてしまうこともあって。例えばゴミの捨て方ひとつでも、ぴぴっと敏感になってしまう時もある。そういう時は、最初は遠慮もあったけど、一緒にいる時間が長くなるにつれて言い合えるようにしました。仲がいいだけじゃなくて、注意もできる、そういう関係性も、素敵だったなあと思うんです。

恋もしました。大樹君のことは前から気になっていたんですけど、キックボクシングの試合で頑張っている姿を見て、やっぱり好きだなあって。夜の公園で告白をした時は、何を言おうかなんとなく考えていたんですけど、緊張でテンパって頭が真っ白に（笑）。それで「簡潔に言うと、好きってこと」。でも、あの言葉で間違ってなかったと思います。

「失恋をした」って感覚はあまりないんですよ。大樹君の人柄もあると思うんですけど、夜の公園で告白をして、フラれてしまった次の日の朝も普通に「おう！」みたいな感じだったし、今でも仲がいいですし。悲しい思い出ではないですよね。「素敵な恋をした」っていう、いい思い出として私の中に残っています。

たまに昔の『テラスハウス』の映像を観ると、自分の顔とか雰囲気が違い過ぎて、「恋をしてたからだなあ」って思います。（笑）そんな自分の姿を見るのは恥ずかしいんですけどね。

もし結婚してもみんなと家族で集まりたいな

メンバーとは、卒業した後もよく会っています。てっちゃんと、華ちゃんとあやちゃんによく会いますね。華ちゃんの家とかに自然と集まって、みんなで何かひとつのことをするわけでもなく、それぞれ勝手に自分のことをしてる（笑）。別に話さなくても、一緒にいるだけで落ち着くし、安心するんですよ。何かあったら、真っ先に相談するし。テラスハウスにいた頃と変わらない関係なんです。

卒業してからのこの2014年に関しては、一生懸命仕事をすることができました。私は『テラスハウス』に出たことで注目を浴びたわけで、「これからはひとりで頑張っていかなきゃなんだ！」って、肩に力が入り過ぎて。恋する時間なんて、ぜんぜんなかった。私はアイドルではないので「恋愛禁止」ってルールでもないですし（笑）、今後いい人に出会えればなあと思います。

やっと最近、自分のやりたい仕事の方向性とか、自分なりのやり方が見えてきて、仕事もうまく行くといいし、プライベートも充実するといいなと思っていたのですが、この間占いをしてもらったら「今年中に大失恋します」と言われてしまって（笑）。

彼氏ができたら、メンバーのみんなに真っ先に紹介します。これから先、もし結婚しても、みんなと家族同士で集まって、バーベキューに出かけたりしたいんですよ。近くに住んで、子供たちを同じ保育園に入れちゃったりして。楽しそうだなあ。ずうっとこの関係を続けていきたいです。そのためにもあのおうち、誰かに買ってほしいなあ（笑）。

かけいみわこ 1994年生まれ、東京都出身。2013年4月〜12月入居。グラビアイドルとして活動しつつ、女優業も本格化。卒業後の2014年4月に発売された写真集『ヴィーナス誕生』（篠山紀信撮影）も話題沸騰。

スマホで撮った日常

Yosuke Imai

写真家の仕事。「Tokyo Girls Camera」というカメラに興味のある女子たちのアドバイザーとして定期的に撮影会を開きカメラを教えています

プライベートはいきなり海外に行ったりしています。娘に会いにノルウェー、イルカを見にニュージーランドとか

遊びは鎌倉の昔からの仲間達で、由比ヶ浜でサーフィンが多いですね

て、店が1回火事になったことがあるんですよ。

写真家としては、展示をメインに活動しています。この間数えてみたら、2014年は8回写真展をやってました。あとは、Nikonにサポートしてもらってウェブで作品を発表したり、「TOKYO GIRLS CAMERA」というグループでは、俺が講師になって写真を教えたり撮影会をしています。

音楽も大切な表現手段のひとつですね。ギターを弾いて、歌ってます。音痴なんですけど(笑)。でも、音楽にしかできないことってあるから、やり続けていきたい。今はいい感じで、写真と音楽がリンクしてるんですよ。音楽のライブで例えば沖縄に行ったとしたら、空き時間に海に出かけて水中写真を撮ったり、写真展の会場でライブをしたり。

ネットで叩く人よりずっと会いに来てくれる人が大事

『テラスハウス』に出る前は、江ノ島にあるサーフショップの、フリーターのお兄ちゃんでした。その時から地元の鎌倉で写真展をやったり、バンドでライブをやったりしていたので、やってることは変わらないんです。ただ、やれるステージが大きくなったのは『テラスハウス』のおかげだし、新しいチャレンジをする機会もいっぱいもらえるようになりました。

オーディションを受けたきっかけは、「(湯川)正人も出れるんだから、お前も出れるんじゃん?」とバイト先の店長に言われて、トントントンと決まって、即入った感じだったんですよ。

最初の頃は、ネットとかSNSのバッシングに過剰に反応して、いつもはめちゃくちゃ仲良くさせてもらってるメンバーともケンカしたし、家出も2回ぐらいしました。「もう出てくわ」とか言って。でも、ある時ふっと、ネットで叩く人って、テレビを観てる人数全体からみたらほんの一部だってことに気付いたんです。

きっかけは、ギャラリーでやった個展だったんですよね。俺の写真を見にわざわざ遠くから会場まで足を運んでくれて、しかも「良かったよ」とか言ってくれる人がいる。ネガティブな書き込みをする人よりも、そっちの人の方がぜんぜんリアルじゃないですか。その人たちの言葉を大切に受け取って、「ありがとう」と言って、「また会えるように頑張るね」って。そういう言葉を交わす場があったことで、救われたんですよ。今も雑誌とか広告じゃなく、展示をメインに活動しているのは、『テラスハウス』での経験が大きいんです。

おじいちゃんになってもワンチャン狙います

映画の予告編に出てくる、俺の「ワンチャンあるんじゃねえか」発言が、一部をザワつかせてるって聞いてます(笑)。でも、恋愛も人生もワンチャンじゃないですか。

『テラスハウス』ではいっぱい恋をして告白もしましたけど、誰が一番ってことはなくて、みんな一番なんですよ。今までの彼女も前の奥さんも、みんなその時のナンバーワンなんです。ただ……今は正直、誰が一番か分からなくなってます(笑)。「いいな」って思ったり「かわいいな」って思ったりしてる人がいっぱいいて、LoveとLikeの境目が分かんなくなってきて。いや、本当の意味での、壁ドンありのLoveかどうかはちゃんと一線引いてますけどね? 俺ももう30歳だし、『テラスハウス』でちょっとは学べたので(笑)。

卒業した後ってことで言うと、ノルウェーにいる娘に会いに行きました。番組に出ている時に、前の奥さんが俺のツイッターかなんかを見たらしく、フォロワーがすごい人数に増えてるのにびっくりして、電話がかかってきて。「ロックスターになったの?」って聞かれたから、「Not, yet.(ノットイエット)」。まだだよって返しときました(笑)。そこからちょいちょい電話するようになって、元嫁や娘ともちゃんと向き合えるようになって。『テラスハウス』に一番感謝してるのは、そのことかもしれないですね。もちろん、大切な仲間がいっぱいできたっていうのも大きいですけど。

たぶん、極端な人間だと思うんですよ。好きなものは好きだし、嫌いなものは嫌いだし、それをおもいっきり態度に出すし。でも、いろいろな種類の人間がいるから世界は面白いわけで、「俺みたいな人間を受け入れてくれたら、人生もっと面白くなるかもよ?」って。人生これからも守りに入らず、白髪の渋いおじいちゃんになっても、ワンチャン狙っていきたいですね。

水中写真シリーズより。もちろん、額装も自分で。その側にはお気に入りの香水やアクセサリー

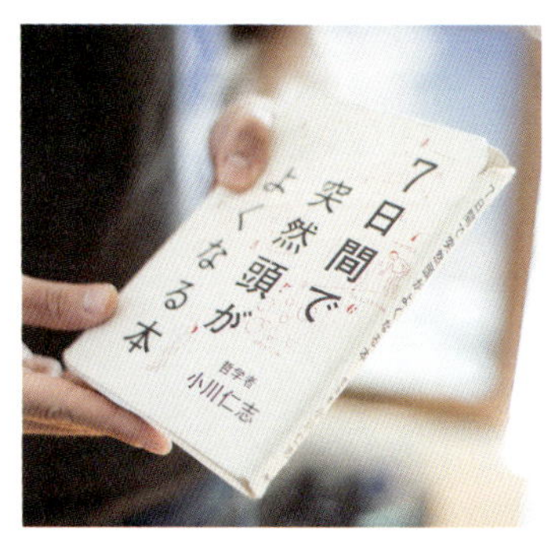

最近の愛読書。通しで3回以上読んでいるためボロボロになった

いまいようすけ 1984年生まれ、神奈川県出身。2013年7月～2014年3月入居。2012年に、個展「こんにちワールド」で写真家デビュー。音楽家としては2014年、『もう一度、手をつなごう』でCDデビュー。

「俺みたいな人間を受け入れてくれたら、人生もっと面白くなるかもよ?」

今井洋介

Yosuke Imai（30）写真家

鎌倉の自宅マンションにて

背が高く男前で、少年のような瞳で夢を語る。入居当初は番組MC陣に「ミスター・パーフェクト」と言われていたメンバーだが、回が進むにつれて印象が変わった。ネットの意見に過剰反応し、二股疑惑も引き起こした。決してパーフェクトではない。むしろ、その反対かもしれない。だが、そんなところにこそ人は惹かれるのだ。

去年の10月に30歳になったんですけど、その前に実家を出なきゃずっといちゃうなと思って、ひとり暮らしを始めました。この部屋を借りた決め手は、スケスケの風呂場ですかね。ヒルトンスケルトンホテル鎌倉。あの風呂場で湯船に浸かったのは今のところ、一平だけなんですけど(笑)。家では、ギターを弾くか本を読んでるかって感じです。

実家にも近いんですよ。あと、むちゃくちゃうまい中華料理屋も近くにあるんです。安くてうまくて、作るのがめっちゃ速い。一番のオススメは、米がパラパラの炒飯。炒飯の火力が強すぎ

「まだまだ自立の途中かな、って思ってます」

住岡梨奈

Rina Sumioka（24）ミュージシャン

ラジオ公開収録の会場にて

卒業から1年。入居時にはロングだったヘアも今はショートになり、りなてぃはあの頃よりも、ピュアな印象が増した気がする。でも相手を包み込むような優しさと、自分を律する芯の強さは変わっていない。「声の表現力が増して楽しい！」と語るラジオの仕事が終わった直後に、今感じていることを打ち明けてくれた。

レギュラーラジオの公開収録って初めての体験だったんですが、すごく楽しかったです。みんなが椅子に座って私を眺めている中、ステージの上でひとりで〝しゃべる〟というのは、歌を聴いてもらうライブとは違う感覚がありました。でもおかげで今日はリスナーの方の顔を見ることができたし、改めて住岡梨奈がどんな人か分かってもらえたのかなあって。緊張でしゃべる言葉が噛み噛みになっていたところも含めて（笑）。昨夜は何も考えずにすぐ寝たんですけどね、本番直前までは、ここ（楽屋）でギターを弾いて心を落ち着かせてました。

『テラスハウス』を卒業してからちょうど1年ぐらい……と思うと、その後にアルバムを出して、ツアーが始まってと、時間の流れが速くて自分でも驚いてます。約半年間を過ごしたあの家から久しぶりに自分の部屋に戻った時の感想は、「せまっ！」。うち、本当に普通の

スマホで撮った日常

Rina Sumioka

マクロビのレストランにて友人と食事。初、セイタンカツ! 美味しかった

姪のクリスマスプレゼントにと思って手にとってみた。ウサギです

ベッド横の壁。東京に来て最初にできた友達からもらった似顔絵は、一番の宝物

ワンルームなんですよ。またすぐに慣れちゃいましたけどね。今はあの頃よりだいぶマイペースな暮らし方かも。TVに出て名前を知ってもらったからといって、いい生活をしているということもないです。他のメンバーでそういう人っているのかな? いないと思うけど……。ちょっと気になる(笑)。テラスハウスにいた頃は、てっちゃんから「寮母さんみたい」って言われてたぐらい、せっせと家事をやってたんですよ。なんか周りに人がいるとお世話を焼きたくなっちゃうんですよね。でもひとりだと、ほ〜んとゆるい感じで(笑)。今日も、もうこれから家に帰るだけなんですけど、DVD観るぞって決めてて、今から楽しみにしてます。

聖南さん&大輝君を見て、恋愛気分を満たしてます(笑)

恋愛は本当にないですね〜。ラジオでリスナーの方に恋話を聞かせてというコーナーをやっていることもあり、どんどん客観的な目線が生まれてしまい……。あと聖南さんと大輝君のブログをたまに見て、ふたりの関係が続いてる〜って、私も幸せな気持ちをおすそ分けしてもらって満足、みたいな(笑)。正直、まったく焦ってないです。今、すごく好きな人ができたら? どうしましょうね。お付き合いしたい気持ちはありますけど、ただ仕事が、って思っちゃうかもしれないです。基本的にネガティブなんで、周りに人がいると曲が作れないんですよ! ミュージシャンはだいたいそうなんじゃないかな? テラスハウスにいた時も、曲を作る時はひとりで部屋に篭ってました。だから恋人が側にいることで気が散ったらどうしようという不安もありつつ、でも実際に誰かを好きになったら、どうなるかは分からないですよね。予想を超えて、がっとハマっちゃうかもしれないし。う〜ん、この話題は迷宮入りだなあ(笑)。そういえば最近、初めて手相を見てもらったんですけど、手相ではいろいろいい感じみたいですよ! って、具体的に何がいい感じなのかはよく分からない、いい感じでした(笑)。「私、いつ結婚するんですか?」って聞いたんです。「それは自分で決めること」って言われてしまって「えー、そんな〜」みたいな(笑)。

みんなの活躍を見ながら絆を確認している

洋さんとは一昨年の年末に忘年会で会いました。一緒にいる時は普通にしゃべってますよ(笑)。他のみんなとも。でも私、『テラスハウス』のメンバーの中ではマメに連絡を取るタイプじゃないかも。もともとの性格がマイペースなんで……。みんな〜、ごめんなさいっ!!(汗) 男の子たちからも「も〜、りなてぃ、ご飯行くって"行く行く詐欺"じゃん」って、よく突っ込まれてます、ハイ。けどね、みんなの活動はちゃんと追ってるんですよ。みーこがCM出てる、華ちゃん、トーク番組に出てる、とか。あとツイッターで絡んでもらったりとかで、テラスハウスの仲間との絆はつながっているかなって思っています。

今やりたいことは、プライベートだったらフィンランドとか北欧に行きたいです。場所を選んだ理由は、特にはないんですけど、カフェオレボウルでカフェオレを飲むとか、ホテルで曲を作るとか、そういう自分がいいなと思えることをのんびりできたらって。観光地巡りはしなくても、その土地にいるだけで満たされるような旅がしたい! ここまで話してて、ひとりが好きな人みたい(笑)。もちろん人といるのも好きですけど、楽しまなきゃ、みんなを笑顔にさせなきゃみたいなのを気にして無意識に動いちゃうんですよ。「りなてぃやらなくていいよ」と言われても、お皿洗ったりしちゃうし。それが良くも悪くも自分のクセだったりもするし、まだまだどこかでミュージシャンの先輩や、テラスハウスのみんなを心の支えにしている部分があるので、もう少し自立したいなって。自立っていう言い方、おかしいですかね(笑)。自分が純粋にやってみたいことを目標に掲げて実行したら、また新しい住岡梨奈になれるんじゃないかなって、最近考えているところです。

すみおかりな 1990年生まれ、北海道出身。2013年7月〜2014年1月入居。テラスハウス入居中に完成した楽曲『言葉にしたいんだ』を含む2ndアルバム『watchword』が発売中。ラジオ『住岡梨奈のヒトリゴト』(文化放送)も好評。

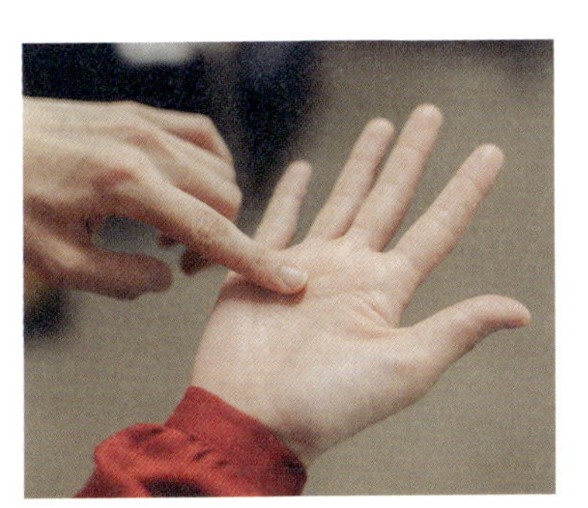

「私の手相、努力線＝運命線らしいですよ。本当なのかなあ(笑)?」

2014年12月25日に行われた公開収録『住岡梨奈のヒトリゴト』(文化放送)。クリスマス衣装で登場

スマホで撮った日常
Midori Takechi

のバッシングがすごかったです。でもね、叩かれた時に聖南さんに相談したんですよ。そうしたら、「ちょっと出てる釘は打たれるけど、出過ぎちゃったら打たれないから」って……勇気が出た！

もちろん、今は私も、だいぶ落ち着きましたよ？　落ち着いた人になれたのは、『テラスハウス』のおかげです。みんなと一緒に生活することによって、「あ、こういうこと言っちゃいけないんだ」とか教えてもらって、成長させてもらって。で、出る時にはちゃんとした人になれたな、みたいな感じだったんです。

特にりなてぃ（住岡梨奈）にはいろいろ教えてもらいました。彼氏とケンカしたらすぐりなてぃに言って、「それは違うよ」とか「それはミドリが悪いよ」とか。生活態度も、私、掃除とかすごい苦手なんですよ。りなてぃに何回も「ダメよ！」って怒られて、謝って。結局、りなてぃがやってくれたけど（笑）。美和子とミドリはけっこう、りなてぃに頼ってばかりいたなぁ。懐かしいな。

懐かしいと言えば、「男子禁制！わたしたちのアンダーヘア事情！」（YouTube限定で公開されている本編未公開映像）。あの時私、酔っ払ってたんですよ。テンションが上がって、「みんなは下の毛どんな感じ？」って吹っかけちゃった（笑）。たぶん、ブラジリアン・ワックスを広めたいって使命感があったんでしょうね。りなてぃが硬直して恥ずかしがる感じがかわいかった〜。

当時の彼氏とは別れ、新しい彼氏ができました！

モデルの仕事を本格的にやるようになったのは、卒業してからです。大樹のこととかもあったし、「自分は何をしたらいいか？」みたいな、将来のことをみんなで話す機会も多くて。それで私も「こんな適当じゃダメだ」と思って、卒業して、ちょっと始めていたモデルのお仕事をちゃんと頑張ってみることにしたんです。

それで……実は今、ほとんど台湾にいるんです。向こうでモデルとDJの仕事をしていて、たまに日本に来ている感じです。

順番に説明しますね。まず、『テラスハウス』に住んでいた頃に付き合っていた彼氏と別れちゃったんですよ。去年の夏前です。私は『テラスハウス』のおかげで自分の道を見つけた感じだったんですけど、彼は『テラスハウス』を観たことが影響して、自分も芸能界に行きたいってなったんです。それで、決まっていた会社の内定を蹴っちゃって。応援してあげたいって気持ちもあったけど、私がもともと海外行きたいっていうのもあって、すれ違いが多くなって……別れちゃった。

海外に行ったのはその直後です。モデルのお仕事で貯めたお金を使って、とりあえずアジアを回ってみたいと思ったの。それで台湾に行ったら、できちゃったんです、新しい彼氏（笑）。

台湾系アメリカ人の彼氏で、すごくお仕事を頑張っている人なのに、私のサポートもいろいろしてくれるの。「恋多き〜」は直んないですね、マジで。やっぱりね、仕事よりも恋が大事！

大好きだからこそオープンにメンバーで一番最初に結婚するかも?!

卒業してからは、あやと一番よく遊びます。波長が合うの。私もびっくり。あと、ももちゃんとかも会う。一緒に住んでなかったけど、超仲良しになりました。

テレビの最終回は、こっちで一緒に観ました。彼氏も日本に来ていたので、英語でいろいろ説明して。彼氏は前のエピソードも観ているから、いろいろ、全部バレちゃってる（笑）。私と付き合うのって絶対大変だと思うんだけど、すごく優しくて、全部受け入れてくれるんですよ。

私、彼のこと大好きなんですよ。大好きだからこそ、オープンにできる。オープンにすると、みんなが応援してくれるんです。ファンの人からは「早すぎ！」みたいな声もあったんだけど、今は「お幸せに！」って感じです。

彼はぜんぜん年上で、今36歳なんです。今の彼と結婚したいなと思いますね。私、結婚願望がすごくて、メンバーからも「ミドリが一番最初に結婚するんじゃない？」って言われてる。「離婚するのも一番最初かも」って（笑）。

結婚式は、『テラスハウス』のメンバーがいっぱい来てくれるといいな。とりあえず、招待状は全員に出すね！　待っててね〜。

たけちみどり 1992年生まれ、神奈川県出身。2013年7月〜9月入居。ネイティブアメリカンと日本人のハーフ。『テラスハウス』卒業後にモデルの仕事を本格化。現在は活動拠点を台湾に移している。

ラヴィジュールのショーに出た時♥ 下着のショーに出ることが目標だったから、叶った時は本当に嬉しかった！ テラスハウスのメンバーも最前列で偶然みに来てくれてて、びっくり！

これは香港で！ 夏はたくさんクルージングをします!! 色んな国からの移民が多い香港でのパーティーで世界各国のお友達ができて世界が広がり始めた時！ 改めて英語が話せてよかったなぁ、と感じた夏！

もともと飛行機が大嫌いだった私。でも今は多い時は月に3ヵ国飛び回っているから飛行機が好きになった！ 前は辛かった飛行機に乗ってる時間も今では慣れて、唯一ひとりでリラックスできる楽しい時間になりました！

「仕事よりも、恋が大事。招待状は全員に出すね！」

武智ミドリ

Midori Takechi（22）モデル

『テラスハウス』制作会社の会議室にて

入居時に「彼氏がいる」と宣言、デートの様子やケンカの中身を赤裸々に語り、コイバナ濃度を高めたメンバーだ。日本生まれアメリカ育ち、敬語なんて使わないノリノリのファンキーガールで、一人称は「ミー」。だが、今や一人称は「私」に変わり、雰囲気も大人っぽくなっていた。卒業後の彼女が、変わったこと、変わらないこととは。

イースト・エンタテインメント（制作会社）の会議室、超久しぶりに来ました！『テラスハウス』のオーディションの面接の時、何回も来ていたんですよ。あんなに何回も呼ばれて話を聞かれたのは、「この子、本当に大丈夫かな？」ってスタッフさんが確かめたかったからだと思う（笑）。

テラスハウスにいた頃は、肌の色が真っ黒でした。夏だったし、海辺だったから、遊んで日焼けばっかりして大変。私がテラスハウスに入った理由は、青春したかったんですよ。遊びたかったの。

あの頃はノリノリで、クレイジーでした。メンバーとケンカしたりとかして、性格も超強かったし。言葉遣いもめちゃくちゃだったから、最初はネット

「歌詞を作る時も“かっこつけ精神”がなくなったんです」

永谷真絵

Mai Nagatani（24）ミュージシャン

自由が丘のレコーディングスタジオにて

シンガーソングライターの彼女は、人付き合いにコンプレックスを抱えていた。テラスハウスでも初めは浮いてしまったが、メンバー達からの助言を受け入れることで、自分らしさの意味を学んだ。その成果が、自身の音楽にも反映されている。ファッションでも注目を集めた彼女は、理想のアーティスト像に着実に近付いている。

今日は6枚目のシングルに入る、カップリング曲のレコーディングをしています。シングルのA面は、フジテレビ月9ドラマの主題歌です！『あなたに恋をしてみました』という曲なんですが、こういう恋の歌が書けるようになったのは、てっちゃんに恋をしたおかげかも。人生の中で「告白する」っていうこと自体が初めてだったし、好きって気持ちを言うのってこんなに緊張するんだとか、フラれた時はこんなに悲しいんだっていうことを経験させてくれた。両思いにはなれなかったけど、てっちゃんに恋をして良かったです。

私が『テラスハウス』に入居したいと思った動機は、自分の曲をたくさんの方に知ってほしいと思ったからです。2012年に『はじめての気持ち』というシングル曲でデビューしたんですけど、思った以上に売れなくて、まったく次のリリースの予定も立たなくて……。知名度

スマホで撮った日常
Mai Nagatani

お部屋は全体的に白でまとめてます。ベッドの横にあるこのスペースがお気に入りの空間。ここから自分の好きな香りが漂うようにしてます。寝る前に本を読むときも明る過ぎないライトは必需品♪

千葉に友達と1泊2日の旅行に行ってきました。大きなハマグリやながらみという貝などとにかく貝という貝を食べ尽くしました

祖母と、姉と、私にソックリな母と久しぶりにお食事に行ったときの写真。一緒にお買い物に行ったり、仲が良いです♪

もないし、ライブのお客さんがお母さんひとりの時もありました。そんな時に『テラスハウス』をたまたまテレビで観て、「私が曲を作ってる姿とか歌っている姿を映してもらえたら、きっと興味を持ってくれる人が増える！」んじゃないかって。

ひとつ問題だったのは、私はずっと実家暮らしで、家族が大好きだし、限られた友達といつも一緒にいたいタイプなので、見ず知らずの人との共同生活というものに対して不安は大きかったんですけど……えいやって飛び込んでみました。

かっこつけてたことはかっこ悪いことだった

放送の翌日からは別世界でした。ツイッターも1日で8万人くらいフォロワーが増えたり、ブログもすごいアクセスだったり。ライブに来てくださるお客さんも一気に増えて、街で声をかけられる機会も多くなりました。

ただ……「ぶりっこしてる」というバッシングもありました。ぶりっこはしてないんですけど、最初の頃は自分の中の「chay像」を守りたくて、ずっとかっこつけていましたね。番組を観ている人に嫌われたくないから、自分の恥ずかしい部分とかダサい部分を、カメラの前では隠さなきゃいけないと思っていた。でも、一緒に生活しているメンバーは、私のかっこつけてない部分とかも見てるじゃないですか。「そっちのまいまいの方がいいのに、なんで隠すの？」って、率直に言ってくれたんです。

その時の会話が流れた放送を観た人からは、「かわいそう」と言われたりもしたんですけど、私にとってはすごく感謝な時間でした。「私がかっこつけてたことは、逆にかっこ悪いことだったんだな」と気付けたことで、「chay」としてではなく「永谷真絵」としてテラスハウスにいられるようになったんです。次の日からはもう、「肩の荷が降りるってこういうことだな」って思うくらい、ラクになって、楽しくなって。メンバーとの距離も一気に縮まって、やっとテラスハウスの楽しい生活がスタートした感じでした。それまでは、早く実家に帰りたいと思っていたのに！（笑）

あっ、今は実家暮らしです。私は三姉妹の三女なんですけど、みんな家にいるんですよ。にぎやかで楽しいですよ～。お父さんは肩身狭いって思いますけど（笑）。

好きな人ができたらきっと歌詞の内容でバレちゃう（笑）

卒業後に出した曲は、「変わったよね」と言われることが多いです。自分でも、歌詞の書き方が変わったなって思います。それまでの私は、曲でも"かっこつけ精神"が強かったので、詩的な比喩をしたり、ストレートに気持ちを表さないような歌詞を書いていました。でも、テラスハウスで自分を変えることができたおかげで、思ったことや感じたことを、ヘンにひねらずそのままの言葉で表現できるようになった気がします。

昨年の11月のワンマンライブには、メンバーのみんなが来てくれたんです！ この間も、あやちゃんと華ちゃんと私の合同誕生会をしてもらったんですよ。久しぶりにみんなと会ったら、なんだかほっこりしました。実家大好きな私ですけど、テラスハウスのみんながいる場所は、第2のホームです。

小さい頃から将来の夢はずっと、武道館で歌うことです。それから、自分にしかできないアーティスト像を確立させたい。私の好きなファッションで、自分の好きなメイクで、自分のイメージする演出で、自分の音楽を表現していきたい。『テラスハウス』のおかげで私服にも注目してもらったり、『CanCam』のモデルのお話もいただきました。自分の理想とするアーティスト像に、少しずつ近付けているんじゃないかなと思います。

今は、夢へのスタート地点にやっと立てたところ。ここからどんどん、夢に向かって邁進していきたいと思います。恋人は……募集中です！ もしも私にすごく大好きな人ができたとしたら、歌詞の内容ですぐバレちゃう気がする。それもぜひ、ちょっとだけ楽しみにしていてください（笑）。

ながたにまい 1990年生まれ、東京都出身。2013年10月～2014年3月入居。「chay」（ワーナーミュージック・ジャパン）名義でシンガー・ソングライターとして活動。2014年5月より、女性ファッション誌『CanCam』の専属モデルを務める。

録音ブースでマイクテスト中。楽譜にはメモがびっしり記されていた

愛用しているハートのギターで、ビートルズの「レット・イット・ビー」を弾き語り

スマホで撮った日常

Ippei Shima

全国の学園祭におじゃましてます！こちらはびわこ成蹊スポーツ大学

休みの日は島三兄弟で遊んでますー
（右：次男 舟作
左：三男 岳志）

大好きな♥相方と地道にやってます！

を受けたのは、芸人としてブレイクしたかったからですね。賞レースも落ち続けていたし、あの頃芸人としての給料は、年収で3万円もいってなかったんじゃないかな？ そんな人間があんな豪邸に住んだら、感性的なものも養われるっていうか、ネタになるだろうしっていう。30歳っていう節目で、現状を変えてくれるようなものが何か欲しかったんです。

初日に玄関のドアを開けた時は、TVの中に入っていく感じでしたね。あの家に住んでる人達って、恋愛だとか夢だとかに、めちゃくちゃ熱いこと言うじゃないですか。その空気感が好きっていう人と、皮肉的に「なんだ、こいつら？」っていう見方してる人と、たぶん2パターンあると思うんですね。入る前は俺もどっちかって言うと、皮肉的な側だったんですけど、実際に人間と人間が会ってみたら違うんですよね。あの熱さは本当だし、出てくる言葉は全部ガチなんですよ。それがイイんですよ。

あの家に住んでいた記憶は幻だったんですかね？

入る前はメンバーのみんなと「話合うのかな？」と思っていたけど、ぜんぜん違うジャンルの仕事をしてる人と話すのって、めちゃくちゃ刺激になりました。それまでって、芸人だけで飲みに行くことが多かったんですよ。そうすると、傷の舐め合いになっちゃうんですよね。あまりにも売れてない時期が続くと、自分のせいなんですけど、人のせいにしたり、時代のせいにしたりして。でも、『テラスハウス』のメンバーって若いし、自分の目標に向かって明確に進んでるんで、そこに関しては「あ、俺、全然甘かったな」って思いましたね。

落ち込むことも多かったんですよ。いざ住んでみて分かったのは、俺って同調型というか、調整型なんだなと。「だから面白くねぇんだな、俺」って（苦笑）。集団の中で、「いい人」になろうとしちゃうんですよ。芸人なんだから、もっと個性出せよって感じですよね。しかも隣にいるのが、洋介ですから。人間味ハンパねぇっすよ。すごいっすよ、あいつ。

恋もねえ、ぜんぜんうまくいかなかったです。これは悔しいんであんまり言いたくないんですけど、智恵が最近、エロいんです（笑）。昔はうぶな感じしたんですけどね。同期でっていう良さもありましたし。でもね、もし今会ってたら、声すらかけられませんよ。海辺のデートはもはや、幻ですよね。

テラスハウスに住んでいた時は、「俺、ここに戻って来れるのかな？」と思ったんですよ。この部屋にいる自分が、幻って感じちゃうんじゃないかなと。いざ帰ってきたら、「あ、俺、こっちだわ」ってすぐ思いましたけどね（笑）。あの家のことが幻みたいになってます。

やってる側が楽しくないと笑わせられないと思うんです

俺がテラスハウスで楽しんじゃってる姿を見た相方が不安になって、解散を言い出して。コンビの存続を賭けてやったワンマンライブの様子を、あんなに長い時間テレビで流してもらったことは本当にありがたかったです。あの時のコントを見てくれた人から仕事をもらったりして、ちょこちょこ繋がっていって。今は営業と、地方のテレビ番組と、CSではコンビで音楽番組をやらせてもらってますね。

仕事は前より増えてるんですけど、「テラスハウスの人」っていう面でしか呼ばれてないので。それが通用するのも2014年いっぱいまでの話で、今年は相当厳しいと思います。そろそろアルバイトも始めなきゃな、という感じですね。ここしばらくは借金でやりくりしてたんですけど、もうヤバいです。お笑いコンビ「地球」としてもっと実力をつけて、賞レースにも勝って、一花咲かせたいと思います。

『テラスハウス』に出て良かったと思うのは、相方（マグ万平）と仲良くなったことなんですよ。それまでは面と向かって話すのがちょっと恥ずかしかったというか、「まぁいいか」って思ってたんですけど、ネタのことにせよ未来のことにせよ、話し合わないと自分たちの気持ちって離れていっちゃう。それに、お笑いって、やってる側が楽しくないとダメだなぁって思ったんですよね。仲の良さは、俺らの武器になりつつあると思うんですよ。たぶん今、人力舎で3番目くらいに仲良いコンビですもん。おぎやはぎさんは絶対越えられない壁ですけど（笑）。

運良く『テラスハウス』のオーディションに受かって、人としても芸人としても成長させてもらいました。次は「お笑いコンビ『地球』のマントルー平」として、実力で、もう一花咲かせてみます。

玄関に飾っている、相方のマグ万平と旅行した時の記念写真。アツアツ！

同居人のミニチュアダックスのライム君。この子のために今の引っ越し先を選んだ

しまいっぺい 1984年生まれ、福岡県出身。2014年1月～7月入居。2010年に、マグ万平とお笑いコンビ「地球」を結成（芸名は「マントルー平」）。月イチのお笑いライブで、新作コントを発表中。

「番組に出たおかげで、人力舎で3番目くらいに仲の良いコンビになりました」

島一平

Ippei Shima（30）お笑い芸人

中野区の自宅マンションにて

テラスハウスにやって来た、初めてのお笑い芸人だ。コミュニケーション能力が高く、みんなの優しい兄貴としてメンバーの輪を繋いだ。相方からの異議申し立てでコンビ解散の危機に直面することになったが、それを乗り越えた今、ふたりの絆は深い。入居していた半年間が、人間としても芸人としても成長させてくれたと胸を張る。

福岡から上京して以来、ずっとこの部屋に住んでます。大学の頃に飼い始めた、ミニチュアダックスも一緒に連れてきたんですよ。駅から遠くてもいいんで、安くて、ペット可のファミリーマンションを探したら、この部屋に辿り着きました。3人兄弟なんですけど、最初に真ん中の弟と住んで、入れ替わりで今は下の弟と一緒に住んでます。テラスハウスに住んでいた頃も、そりゃあ自分は長男ですからね！　家賃はばっちり半分、払ってました。

「地球」というお笑いコンビを結成したのは、2010年です。『テラスハウス』のオーディション

「“智恵ちゃん、いい子だな”って。そうあの頃の自分を見ている今があります」

小貫智恵

Chie Onuki（24）会社員

仕事帰り、行きつけのヘアサロンにて

卒業生たちの中で一番「普通の暮らし」をしているのは彼女かもしれない。「いってきます」の言葉で、卒業と共に会社員になってから1年近く。放送中に印象的だった彼女のショートヘアを生み出していたサロンは、あの社会に出た今も、彼女がほっとできる「家」的な場所。そこで語る今の生活や、『テラスハウス』に出て感じたこととは。

ここのサロンには、今も多い時は月2回とか来ちゃいますね。今日は仕事が終わったので、ちょっとだけカットと、シャンプーも買いに来ました。完全に癒しというか、素でいられる空間です。

テラスハウスを卒業してからは、そのまま内定をもらっていたアパレル系の会社に就職しまして。まだ研修中で、首都圏近郊のお店で接客や販売をしています。朝は早番だと9時〜9時半、遅番だと10時半〜11時ぐらいに出勤です。今はお店から1時間半ぐらいのところに住んでいて。部屋は6畳1間の普通の1K。春ぐらいから本社勤務になる予定なので、そうすると、もう少し通勤がラクになるはずなんですけどね。すっかり大人というか社会人の生活、なのかなあ（笑）。お休みの日は何してるだろう。細かい用事？　正直、趣味がまったくなくて。一平ちゃんのほうが私より詳しく知ってるかもしれません。今も

撮影協力／Ramie

スマホで撮った日常

Chie Onuki

販売員として店頭に立つだけではなく、所属店舗の実績を分析したり上司に報告したりしています。休みの日にカフェでするのが恒例

ふたりの予定が合ったときは必ずと言っていいほど会ってます

今でも大好き柿ピーと、会社の同期に遊ばれている私

LINEしてるから。お休みの日に「何してんの？」ってくると、「美容院なう」「眼科なう」ばっかり返してるような気がする（笑）。

近藤あや――私は「うどん」って呼んでるんですけど――うどんがフィリピンに留学する前は、お休みの日はだいたい会ってましたね！　私がテラスハウスに出て共通の友達がいるのが分かって、一緒に飲んだのが仲良くなったきっかけなんです。うどんとはもう無駄にLINEしてて。だいたい朝起きると「おはよう」とかきてるんですよ。「今起きた」「あなた今日何してんの？」「休み。ひま」「会おう！」みたいな感じで。ひたすらお茶してました。あとは私の仕事帰りにディズニーランド一緒に行ったりもしましたね。今ももちろんLINEしてるんですけど。離れちゃってるから、ちょっと寂しいです！

卒業後に一瞬だけ恋愛ありました！

うどんや会社の同期との時間が充実し過ぎてて、恋愛は本当にウ〜ン……って感じで。あとお酒が私の恋路を邪魔してます（笑）。男女関係なくイエーイ、よろしく〜！って仲間的な感じになっちゃうから。周りにも「オープンすぎて少しずつ知りたい気が失せる」と突っ込まれ、自分のダメさは自分でよく分かってます（笑）。と言いつつもテラスハウスを卒業してすぐの頃、彼氏ができたんですよ。でも短期間で終わっちゃいました。これ、あんまり言わないほうがいいのかな!?　ま、いっか（笑）。今は、恋愛より結婚。結婚がしたいです。私、中学生の頃から結婚願望が強くて。うちは両親が年齢を重ねているほうなので、早く孫の顔を見せてあげたいし。真剣にお付き合いできる人と出会いたいとは、ホント思ってます。

卒業前の放送を見たのは、半年以上が過ぎてから

『テラスハウス』の卒業とその前の回の放送を、実はずっと観られなかったんです。4月に社会人になり、当たり前のことなんですけど、新しい経験の連続で。番組を観返したら心が折れるかもと思っちゃって。スタッフさんもメンバーも本当に温かい場所だったから、テラスハウスにまた戻りたい、みたいな気持ちになるのが怖くて。変な焦りもありました。卒業した子たちとかが何ヵ月か前にやりたいって言ってた仕事を、すぐに実現させているのを目の当たりにしたりする中で、私はまだ研修中の身で、最低1年間は決められた場所にいてとか。スピードの違いを感じたりもしてて。みんなは関係ないんですけどね（笑）。

ちゃんと観られたのは去年の11月。仕事のペースが掴めて、今やっていることに誇りが持てるようになった頃かな。テラスハウスにいた時の私は、確かに今ここにいる私と同一人物だし、お店にいる時も「智恵ちゃんですか？」って声をかけていただけるのもありがたいんです。だけどあの時の私は、もう私じゃないんですよね。別にテラスハウスのメンバー全員が表に出る仕事をしていなくてもいいし、私は私で、将来的に「小貫さんでこの仕事がしたいです」と、周囲の方に思ってもらえるような実績を、今の会社で積み重ねていこうと。そう思えたら自分が出ていた頃の映像も、見返せるようになっていました。

今、振り返ると卒業旅行の時の智恵ちゃんなんて、もう本当にいい子ですよね。自分で言うなよって感じですけど、すっごいいい子（笑）。TVシリーズの終了を知ったのも大きかったのかな。疲れた時も『テラスハウス』での経験を思い出せば元気と自信を取り戻せた部分があったので、その場所自体がなくなる、ってなってから、「やっぱり出たんだ」みたいな。あそこは本当に大きな家だったんだなあって。正直、出ている時も卒業直後も、「人生変わんなかったじゃん」くらいに思ったんですよ。だけどただの通過点とも違いますよね。人が何年もかかって出会う量の人と会い、何年もかかってする経験をぎゅっとさせていただいたし。みんな友達だけど家族だし。なんなんでしょうね、テラスハウスって（笑）。答えが出ていないんです。

おぬきちえ 1990年生まれ、秋田県出身。2014年1月〜3月入居。入居中は大学生だったが、卒業後の2014年4月からはアパレル系の会社に就職し、現在も勤務中。聖南さんに続く酒豪キャラ（?）としても番組を盛り上げた。

仲良しの美容師さんとはテラスハウス入居時も悩みを相談していた間柄

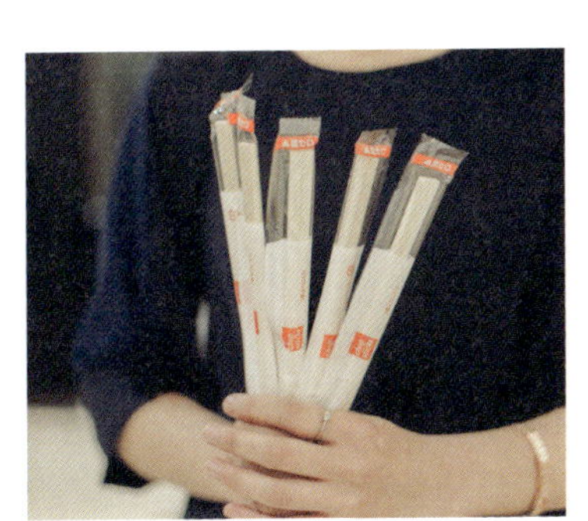

バッグにはなぜか大量の割り箸。「一度折れたことがあって。折れたら交換できるように（笑）」。

スマホで撮った日常
Ryoko Hirasawa

年末に会社の地下スタジオで、担当アーティストのDancing DollsのMiiと新曲のプリプロ作業。可愛いEDMです!

年末に恵比寿のバーで会社の先輩が見守る中DJデビュー! ロック中心のプレイリストで、「テラスハウス」サウンドトラックからも何曲か選曲しました

年末に担当アーティスト・マックスむらいさんの紅白歌合戦に出場しました! 剛力彩芽「友達より大事な人」を、ニコファーレでDancing DollsのMisakiにバックで踊ってもらうという贅沢!

というか、歌もダンスも芯が一本通っています。私としては、アーティストが持っているものをそのまま生かして、その魅力をどれだけ広く世の中に対して伝えられるかということを考えています。

つい最近、担当している3人目のアーティストがCDデビューしました。AppBankの社長さんで、ユーチューバーとしても有名な、マックスむらいさん! もともと音楽をされている方ではなかったので、どんな楽曲を歌ってもらうか、CDのジャケットをどんな雰囲気にするか、どんな宣伝イベントを打てば効果的なのか、ゼロから考える必要がありました。むらいさんを担当することで、A&Rとして成長させていただいたと思っています。

逃げ出すというのは絶対にイヤだった

『テラスハウス』に出演しようと思った理由は、自分を変えたかったからです。私は当時、気軽に「今日ご飯食べに行こうよ」って言える友達が全然いなくて、自分に何か原因があるんじゃないかなと思っていたんです。テラスハウスに住んでいる人たちは、私みたいな非リア充(笑)とは全然違う、オシャレでイケイケな人達ばっかり。そういう人達の中に飛び込んでみることで、自分を変えられるんじゃないかと思いました。

実際に飛び込んでみたら、楽しかったです。フランキーとは「私も友達いないんだよ」っていうところからスタートしてすぐ仲良くなったし、一平ちゃんがお兄ちゃん的存在でみんなをまとめてくれてた。6人のバランスが、私にとってすごく居心地が良かったんですね。ただ、これは共同生活ならではの面白さなのかなと思うんですが、メンバーが変わると、バランスが変わるんですよ。

その時期にちょうど私の仕事が忙しくなってきてしまったこともあり帰れなくなって、みんなと一緒に家で過ごす時間も少なくなってしまって。そこから誤解も生まれて、テレビに映っている自分と、本当の自分との乖離みたいなものも感じ始めて……。だから、けんけん(保田賢也)にプレイルームに呼び出されて「待たせてごめん」と言われた時は、「ん? なんのことだ?」って感じだったんです。放送を観たら、「あんな怖い顔してたんだ」とびっくりしたんですけど(笑)。

メンバーとの関係が、ぎくしゃくしてしまったのは事実です。でも、「ここで逃げ出したら変われない」と思ったんですよね。いっつもそうだったんですよ。最初に仲良くなるのは得意なんです。でも何ヵ月かすると、そんなに関係が良くなくなっちゃって、また別のところで別な人とちょっと仲良くなって、ということをずっと繰り返していた。だから、テラスハウスの中でこじれてしまった関係を途中でやめるとか、逃げ出すというのは絶対イヤだった。自分をちゃんと出して、ちゃんと伝えて、みんなといっぱい話をして……ということを積み重ねていくうちに、どんどん仲良くなっていきました。「自分が変われた」ってことなんじゃないかな、と思っています。

憧れの職業のひとつに音楽業界が復活してほしい

私が仕事をしている『テラスハウス』の映像を見て、A&Rという言葉や仕事を知ったという方も少なくないようなんです。高校生の女の子から、「私も遼子ちゃんみたいにA&Rの仕事をしたいと思いました」と言ってもらえたことがあります。「CDが売れない」と言われる時代に、音楽業界が憧れの職業のひとつに復活したらいいなと思っていたので、こんな私でもほんの少し役に立てたのかもしれないです。

恋愛に関しては、まったくなんにも、です(苦笑)。仕事が忙しくて、恋愛どころじゃないって感じなんですよね。ただ、友情に関しては進歩しました! 一緒に住んではいなかったんですけど、あやちゃんと桃ちゃんとは本当に仲良くなりました。もしこの3人でテラスハウスに住んでたらと思うと、すごく楽しかったかもしれないと思う反面、放送に使えないようなひどいガールズトークばっかりしてただろうなと(笑)。

テラスハウスのファンの方が私が卒業の時に作ってくれたメッセージボードは、朝起きて最初に目に入ると嬉しくなるから、ベッドの側に置いています。24歳の半年間を、あの時のメンバーと一緒に過ごせたことは、私にとって一生の宝物なんです。

応援してくれる女の子が作ってくれた、メッセージボードは、ベッドの側に置いている

中2でドラムを始め、高校でベースとギターを手にした。ギター横の丸い絵はフランキーの作品

ひらさわりょうこ 1989年生まれ、東京都出身。2014年4月〜最終回まで入居。ソニー・ミュージックレーベルズの会社員で、A&R(アーティスト・アンド・レパートリー)の業務に就く。3組のアーティストを手掛ける。

「変わりたい、と思ったんです。変われた、と思います」

平澤遼子

Ryoko Hirasawa（25）会社員

家族と暮らすマンションの自宅にて

大手音楽会社で働くバリバリの会社員、という肩書きは、新鮮だった。番組放送中、本人の希望でもあったアーティスト制作の部署に就き、初担当となった當山みれいと“ニコイチ”の関係を築いて、仕事に励んだ。そして、恋に悩み、共同生活ならではの関係性に悩んだ。彼女はテラスハウスで、自分を大きく変えたのだ。

今住んでいる家は、父が仕事で上海に赴任したので、母とふたり暮らしです。自分の部屋は居心地が良い空間にしようと思って、壁紙から何からこだわって大改造しました。ここではパソコンをいじってドラマを観て、昔バンドをやっていたのでたまにちょこっとギターを弾いて。

会社（ソニー・ミュージックレコーズ）では『テラスハウス』にいた時と同じく、A&Rの仕事をしています。おもな仕事内容は、新人アーティストの発掘や育成、楽曲制作、宣伝活動などです。担当しているのは、『テラスハウス』にも一緒に出演してくれた當山みれい、ダンスボーカルユニットのDancing Dolls。この2組は正統派のソニー・ミュージックという感じ

「大切な人と居場所を見つけて、私はもう孤独じゃない」

フランセス スィーヒ

Frances Cihi（26）画家

個展準備中のギャラリーにて

入居中から絵の道に打ち込む姿が印象的だったフランキー。卒業からほどなくした今、彼女の毎日はさらにポジティブな方向へと広がっていた。密着したのは個展開催を控えたギャラリー。「友達がいない」と言っていたかつての面影は微塵もなく、仲間たちと楽しそうに準備を進める彼女がそこにいた。

去年の7月に『テラスハウス』を卒業してからは、入居中にやっていた英会話講師の仕事を続けていたんです。でも11月に辞めて、完全に絵に集中する生活に切り替えました。絵を描くのって時間がかかるし、悩む期間も必要だから。リスクのあることだったけど、おかげで今はアーティスト業だけで頑張っています。

今日もずっとこのギャラリーにいて、展示の準備をしてるんですよ。実は個展の開催まで10日を切っていて、今日も仲間に手伝ってもらいながら作業してるの。作品ももう少し描き足す予定だから、そっちもこれから進めないと。もう本当にギリギリ（笑）。アトリエは祖母の家の一部を借りていて、基本的に絵はアトリエで制作しています。ここは結構広いギャラリーでしょう？ 半分を絵、あとの半分の空間は、私が撮った映像をプロジェクターで流そうと思ってるんですよ。映像は会場

スマホで撮った日常
Frances Cihi

アンドリューと。私の両親を含め4人で行った婚約式にて

ニューヨークに住んでいた時の部屋。家具は全て自分でコーディネートしたもの

モーリシャス島で生まれて初めてダイビングに挑戦した時。生のサンゴ礁に出会えて興奮状態でした(笑)

準備の前の日までいた、モーリシャス島の海の中の光景。モーリシャスで生まれて初めてダイビングしたんですけど、その体験が最高だったの！ 絵のモチーフも変わりましたね。これまでは抽象的なものを描くことが多かったんですが、今後はモーリシャスで出会ったサンゴをはじめ、自分の目で見たものをピンポイントで描いていこうと思っています。

この春にアンドリューと結婚します！

テラスハウスを卒業してから、とっても大きな出来事がありました。放送にも一緒に出てくれていた、交際相手のアンドリューと婚約しました！ 渋谷にあるホテルの最上階のレストランで彼とふたりで食事をしていた時のこと。コース料理の最後にフタのついたお皿が運ばれて、デザートが来たかと思いきや、そのふたを開けたらそこには指輪があったんです。彼は普段から私に隠れて行動をとらないので、サプライズの計画をしてくれて素直に嬉しかったです。結婚式は今年の5月に明治神宮で着物を着て行う予定です。きっと私達を知らない人は日本式のウェディングを選んで驚くかもしれませんが、せっかく日本に住んでるんだから日本式の結婚式をするのが当然だとアンドリューは言うし、そもそも明治神宮で式を挙げることは子供の頃からの夢だったの。逆に今の時代って洋式のウェディングが一般的だからこそ、着物を着て神社で式を挙げる方が新鮮だと私は思う。お互いの家族や知人からは〝アンドリューとフランキーらしいね〟と言われることが多くて、とにかく結婚が決まって、アンドリューも私もすごくほっとしてます。

『テラスハウス』に出て感謝することを知った

そういえばうちには一平と、相方の万平を連れてきて、さらに私の友人カップルも呼んで6人で鍋をしたんですよ。その日はみんな遅くまで家にいたの。遼子も後から合流したんですね。卒業した後もテラスハウスのみんなとの友情は続いています。桃子とも。彼女はディープよね！ 私達ふたりとも仏教が好きで、たまにしか会わないんですけど気が合うんですよ。桃子のことを話していたらまた連絡しなきゃって気持ちになってきた(笑)。まいまい(永谷真絵)とも2回程ご飯に行ったことがあって、とにかく大好きです。私の母の顔に似てるんです、まいまい(笑)。それがきっかけで仲良くなりました。テラスハウスに入居する前はこんな自分になれるとは思わなかったな。本当にずっと孤独だったから。自分から孤独の道を選んでいたんです。誰かから電話がかかってきても仕事関係でない限り無視したり、そういう感じの人だったの。お金と絵を描き溜めるために人と会う時間を犠牲にしてきた。ニューヨークにいた頃も、人と違う視点を持つためにもアーティストは友達なんて作らなくて当然だと思い、いつも孤独と戦ってました。だって周りもそうだったし。そうしたらいつしか本当に心が空っぽになっちゃって。

『テラスハウス』の最初の頃の私は、気負っているイメージが強かったみたいですね。私は素直な気持ちでいただけなんですけど。今思えば初めて入る家なので怖かったんだと思います。その気持ちを正直に表してたんだと思います。それに今まで私の周りには英語を話す人が多かったから、全く英語が通じないところで、どうやって自分の気持ちを伝えて友達を作ったらいいのかなって思っていたところもあって、強がりな感じが出ちゃったんだと思う。でも生活していく中で一平や遼子とかといろいろ話せて。あとはツイッターでファンの方から応援のメッセージが来たりすることもすごく嬉しくて。それで私は変われたかもしれない。簡単に言うと人への感謝の気持ちを覚えたのかな。前は、来るもの拒まず去るもの追わずで、私の性格が嫌いだったらわざわざ構わなくてもいいんだよ。好きになってくれる人は残ってくれればいいから、と思ってたの。だけどテラスハウスのみんなといることで感謝の気持ちが自然と芽生えて。今話した鍋パーティもそうですけど、私と一緒にいてくれる人に対して感謝の気持ちを形にしないとダメだなって思って。鍋パーティも私からみんなに声をかけたんです。昔から自分にウソをつくのが嫌いだったけど、前よりもっと素直な自分になれたと思う。

サンゴと人体、そして“左右対称”をモチーフにした絵を黒いキャンバスに描く

モーリシャス島のサンゴを使い、自然と人との関係を伝えた作品

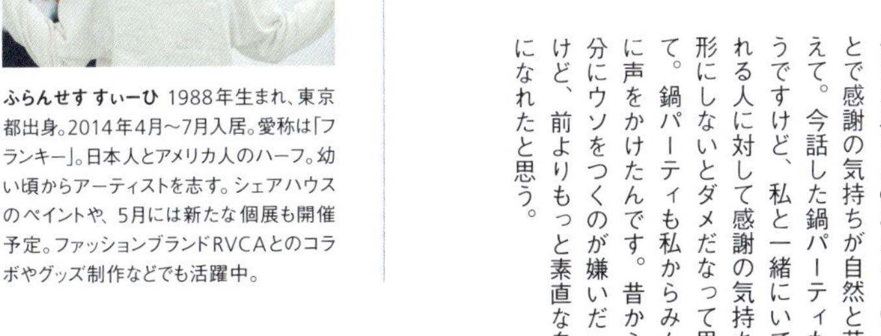
ふらんせす すぃーひ 1988年生まれ、東京都出身。2014年4月～7月入居。愛称は「フランキー」。日本人とアメリカ人のハーフ。幼い頃からアーティストを志す。シェアハウスのペイントや、5月には新たな個展も開催予定。ファッションブランドRVCAとのコラボやグッズ制作などでも活躍中。

郵便はがき

お手数ですが、
52円切手を
お貼りください

1 6 0 - 8 5 7 1

東京都新宿区愛住町 22
第3山田ビル 4F

(株)太田出版
『TERRACE HOUSE PREMIUM』
読者はがき係 行

お名前		性別	男 ・ 女	年齢	歳
ご住所	〒				
お電話		ご職業	1. 会社員 3. 学生 5. アルバイト 7. 無職	2. マスコミ関係者 4. 自営業 6. 公務員 8. その他( )	
e-mail					
本書をお買い求めの書店					
本書をお買い求めになったきっかけ					

＊記入していただいた個人情報は、アンケート収集以外の目的には使用しません。

本書をお読みになってのご意見・ご感想をご記入ください。

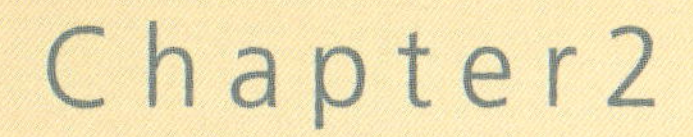

Chapter2

テラスハウス　クロージング・ドア

テラスハウスで共同生活を送ることになった最後の６人のうち、４人は新メンバーだった。会社員でグラビアアイドルの松川佑依子、専門学生の和泉真弥、雑誌編集者の小田部仁、プロバスケットボール選手を目指す吉野圭佑。ひとりひとりに直撃し、ナマの言葉を聞いた。

New Member 1

松川佑依子

Yuiko Matsukawa（24）会社員・グラビアアイドル

予告編で小悪魔的な魅力を発揮し、話題沸騰中のニューヒロインだ。平日は金融関係の会社でキャリアウーマンをしながら、休日はグラビアアイドルとして活躍している。彼女が映画で突きつける「リアル」の中身とは？

――どんな経緯でテラスハウスに入ることになったんですか？

佑依子 私は平日にOLをしながら、休みの日はグラビアの仕事をしているんです。ある時事務所から、「『テラスハウス』のオーディションがあるんだけど、受けてみない？」と。入ってみたいと思った動機としては、進学後はずっとひとり暮らしだったし、人と一緒に住んでみたい願望があったんですよね。あと、今までの彼氏全員に浮気されてて（笑）。もうイヤな思いはしたくないなって、しばらく恋愛はしていなかったんです。そういう苦手意識も、もしかしたら克服できるかもしれないなと思いました。

――普段のお仕事の話を聞かせてください。会社では、どんな仕事を？

佑依子 金融系の会社で働いていて、株のトレーダーとかM&Aのアドバイザーとか、あと株のリサーチレポーターとか、その辺の仕事が多いです。まだ2年目で知らないことだらけだし、失敗もあるんですけど、株は一応2年間負けなしで来ています！

――グラビアのお仕事は？

佑依子 3年前くらいにカメラマンの友達から、「朝日広告賞に応募したいんだけど、タダでモデルをやってくれない？」と言われて、「いいよ〜」と言ってやった作品がグランプリをもらうことになって。私のほうに仕事の連絡もいただけるようになったので、会社員との二足のわらじを履くことに決めました。客観的に見て、スタイルもそこまで良くないし、売れる顔じゃないし、今はもう24歳。でも、写真を撮られることが大好きだし、グラビアって女性誌のモデルさんと違って、自分にとってコンプレックスな部分も武器になったりするんですよ。「そこが逆にいいよ」と言われると嬉しくなる。乗せられやすい性格が、このお仕事に向いているのかなと思います（笑）。

言葉に出さないと痛い目を見るのは自分

――テラスハウスでの生活は、いかがですか？

小学生の頃の1枚。運動会の写真です

大学時代に友達とショーのお手伝いをしました

友人の結婚式にお着物で行きました

グラビア誌の撮影で、サイパンに! 楽しかった!

テラスハウス、最後の夜。みんなでパーティーしました!

悪い女に思えるかもだけど これが24歳OLのリアル

佑依子　家に帰ってきたら誰かがいて、「おつかれ」「ただいま」「今日どうだった?」と言葉を交わす生活は、新鮮だし元気が出ますね。ひとりでご飯を食べるより、みんなで食べたほうが絶対美味しいし。あと、(和泉)真弥と(島袋)聖南さんって、私とはちょっとタイプが違う女の子ふたりなので、いい刺激をもらっていますね。私は人にずばっと物事を言うタイプではなかったんですけど、少しずつ自分の気持ちをはっきり言葉に出せるようになってきた気がします。ふたりから、「言えばいいじゃん」って言われたんですよ。その言葉が大きかったんです。

――自分自身について発見したり、成長したりするチャンスにもなった?

佑依子　本当にそう思います。恋愛に関しても、大人になると、付き合っているんだか付き合ってないんだか分からない、うやむやさが付きまとうものじゃないですか。でも、テラスハウスのメンバーはみんな、本当にピュアなんです。好きだったら好きって言うし、そこでうやむやな反応を返しちゃっても、家に帰れば一緒の生活しなきゃいけない(笑)。返事をはっきりしないでいると、痛い目を見るのは自分です。素直に言葉に出さないと関係も悪くなる、相手に何も分かってもらえないんだというのは、ここでの生活で身にしみて分かりました。

――日々の撮影には、慣れましたか?

佑依子　慣れましたけど、恥ずかしいです。グラビアの仕事って、カメラマンさんやスタッフさんの力で、プラス何点かの自分を人に見せることができると思うんですね。でも『テラスハウス』って、自分をさらけ出すしかないから、逆にマイナス点がよく見える(笑)。今さら気張らなくていいや、という感じなんですけどね。自分を良く見せようと取り繕うより、嘘をつかないことの誠実さの方が、共同生活をするうえでは大事なんだと思います。

――恋愛に関してはどうですか? 予告編では、てっちゃんを翻弄していたように見えたんですが……。

佑依子　けっこう悪い女に映ってるかもしれないなというのは、うすうす気付いています(笑)。例えばデートに行ったりした時、本人の前ではにこにこして「すごく楽しい」と言うんですよ。でも、内心では「もっとこうだったら良かったんだけどなあ」と思ってる。そして、テラスハウスに住んでいるとウソはつけない(笑)。

――本音が映ってしまうわけですね。

佑依子　でも、デートしているその場で「ご飯あんまり美味しくないね」とか言う子の方が、私はナシだと思う。合コンに行ってピンと来る人がいなかったとしても、ウソでも楽しんで「楽しかったです」って言った帰りに、女子同士でグチればいいじゃんって。どっちも撮られちゃっているから悪い女に見られちゃうかもしれないけど、これが24歳OLのリアルだぞと思うんです。

――その一言で、映画がより楽しみになりました(笑)。

佑依子　映画の中では、恋愛面でも生活面も、今までの『テラスハウス』にはなかったようなことが起きていると思います。どうぞ私の悪女っぷりをご覧ください(笑)。

まつかわゆいこ 1990年5月6日生まれ。茨城県日立市出身。成城大学卒。モデルを務めた「キンチョー」の新聞広告が、2012年度、朝日広告賞最高賞を受賞。会社員として働きながらグラビアアイドルとしても精力的に活動の幅を広げている。

My Private Photos Maya Izumi

ベイビーの頃から目つきが悪かった……

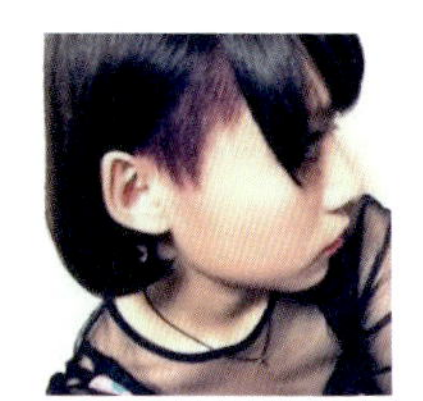

高校時代の黒歴史ファッションです

居酒屋大好き。こんな顔で人に偉そうなこと言ってます

専門学校の課題のデッサン。もはや、趣味です

テラスハウスの夜は楽しい。聖南さんとヨッシーが筋トレしている

いなものがけっこうあったんです。でも、考えてみれば当たり前のことなんですけど、それを正解としない人もいるわけで。例えば女子部屋でコイバナをしてても、私の友達とかで話すとみんな感性が似てるから、ポンポンポンポン話が進んでいって、結論がパッて出る。でも、ここではぜんぜん違う感性の人たちが集まっているから、「それは違うんじゃない?」「こういう見方もできるよ?」みたいな感じで、話し合いが深くなるんです。自分の思い描いていた正解とは違ったところに話が着地したりするのが、最初は戸惑ったりもしたけど、今はめっちゃ面白いです。「世の中にはいろんな人がいるんだ」って、人生で初めてちゃんと実感できた気がします。

——楽しい思い出も作れていますか?

真弥　毎日楽しいですよ。夜中にプレイルームに集まってみんなでDVDを観たり、リビングでまったりしゃべったり、ジャンクな夜食を作って食べたり。行ったことのない場所に出掛けるのも、楽しいんですよ。海に行って、サーフィンを教えてもらったりとか。だけど、この家に住んでいるからこそできる、なんでもないことの積み重ねが一番、私的には楽しいですね。

自分の好きなタイミングで追い掛けたいんですよね

——恋愛についてはどうですか? 和泉さんの恋愛観はどんな感じでしょう?

真弥　超恋愛体質です。前の彼氏とはここに入る1ヵ月前ぐらいに別れて、どうせならこっちで作ろうみたいな感じで、彼氏を作るの我慢しときました(笑)。

——恋の魔法はかかりましたか?

真弥　若干かかったんですけど……。自分はつくづく、追いかけたいタイプなんだなと分かりましたね。「好き」とか言われると、疑うというか「ウソでしょ」ってすぐ言っちゃう。私のことなんてどうでもいい、くらいがちょうどいい(笑)。恋愛体質のクセに恋愛以外にもやりたいことがあるから、そっちばっかり向いてられないんですよ。でも、恋愛はしたい。追いかける側だったら、自分のいいタイミングでいけるじゃないですか。それって結局、自分本位なんですよね。ややこしい性格してるんですよ。こじらせ系女子なんで。

——テラスハウスを出た後は、就職活動ですか?

真弥　それもしつつ、一番デカいのは卒業制作ですね。洋服をデザインして、自分で作って。ファッションショーと、スタイルブックを作らなきゃいけないんですよ。なんとその審査会が、映画の公開初日とかぶってるんです。だから初日は私、普通に学校行ってます(笑)。最近、友達から「変わったね」って言われるようになりました。友達は別に、私がテラスハウスに入ってることとか知らなかったんですけど。どこがどう変わったのかは自分では分からないけど、「変わろうという気持ちになった」というのは自分でも感じています。やりたいことはひとつだし、ブレることはないんですけどね。アパレルで上を目指します!

いずみまや 1994年9月17日生まれ。東京都荒川区出身。専門学校生。高校時代から読者モデルとして活動し、独特なファッションで注目を集める。服飾系の専門学校に入学後、都内のアパレル系企業でアルバイトを始める。2015年3月、同校を卒業予定。

New Member 2

和泉真弥

Maya Izumi（20）学生・デザイナー志望

服飾の専門学校2年生で、平日はアパレル企業でアルバイト。さらに就職活動と卒業制作で多忙を極める中、彼女は入居を決めた。「自分」は持っている、でも、変わりたいとも感じている。その思いは、純粋だった。

――テラスハウスに入ろうと思った動機は？

真弥　今、服飾の専門学校に行ってるんですけど、夜間部に通っているんですよ。昼間はずっと、アパレルでバイトをしています。19、20歳って楽しい時期のはずなのに、カツカツにして過ごしている。しかも今年の3月で卒業後はアパレル系に就職するつもりなので、もうすぐ学生じゃなくなるんです。学生最後の大きい思い出が何かほしかったので、オーディションに応募しました。ずっと実家暮らしで親元から離れたことがなかったので、自立する準備ができたらなという思いもありました。

――実家はどちらですか？

真弥　荒川区の下町です。はっきり物を言う感じとかは、育ちがにじみ出てると思います(笑)。父と母も、アパレルをやってたんですよ。ちっちゃい時からお母さんが作った洋服を着ていたし、ふたりともオシャレだったので、自然と私も洋服をやりたいと思い始めて。高校の時は、読者モデルをやっていましたね。

――芸能の道には進まない？

真弥　専門に入ってからも何回か撮影はしてたんですけど、あんまり人前に出るのは向いてないと思ったんです。テラスハウスに入ったのもただ共同生活を楽しみたかったからだし、アパレルのほうで上を目指したいです。とか言いながら25歳でさっさと結婚して、マイホームの1階でクラフト教室を開きたいっていう夢もあるんですけどね(笑)。

自分とは似ていない
違う感性が集まる魅力

――テラスハウスでの生活は楽しめていますか？

真弥　めっちゃ面白いです。最初の頃は特に、親から離れて何日も家に帰らないで友達といるとか、修学旅行みたいじゃんと思ってすごいテンション上がってました。そこからだんだん落ち着いて、普段の生活みたいな感じになってきたら、周りのメンバーのことがよく見えるようになってきて。職種もバラバラだし、今まで出会ったことのないような人達なんですよね。そこが面白いんですよ。

――自分とはぜんぜん違う考え方する人がいるんだ、と？

真弥　今までって私は、「自分の中で絶対これが正解！」みた

New Member 3

小田部 仁

Jin Otabe（25）雑誌編集者

カルチャー雑誌の若手部員であり、このムックの編集者のひとりだ。唯一無二の立ち位置でテラスハウスへの潜入調査を試みたところ、彼は変わった。この家にいたおかげで、仕事へのモチベーションが上がったと言う。

——テラスハウスに入った経緯とは？

仁　僕は『Quick Japan（クイック・ジャパン）』という雑誌の編集者をやっているんですが、115号（2014年8月刊）の企画で『テラスハウス』の特集をやったんです。その中で、メンバー募集オーディションを編集部員が実際に受けてみようというページを作りまして。編集部で一番下っ端の僕が受けて、「ぜんぜんダメでした！」みたいなレポート原稿を書いたんですけど……。

——ダメじゃなかったわけですね。

仁　最終回のちょっと後で上司から呼び出され、「『テラスハウス』の映画に小田部をどうかという話が来てるんだけど、君の意志を確認しないといけない」と。

——やりたい、と思った？

仁　最初は悩んだんですけど、よく考えて「やろう」と決めました。実はその時、仕事のことで精神的に落ち込んでたんです。編集者になってちょうど1年経つくらいの時期だったんですが、自分はあまり『Quick Japan』のためになれてないな、と思っていて……。『テラスハウス』に出ることで、そんなうじうじした自分を変えることができるかもしれない、そうでなくとも雑誌のプロモーションにはなるんじゃないか、そうすることで僕も少しは役に立てるのではと思ったんですよね。入居を決めるのと同時に、映画に合わせて公式本のお手伝いをさせていただくというお話も立ち上がりました。それが、この本です。今、めちゃくちゃ不思議な感じです（笑）。

努力を目の当たりにして自分のふがいなさに気付いた

——テラスハウスに入居したことで、悩みは解決しましたか？

仁　正直なところ、ここに入ることによってすごく時間は拘束されるし、仕事的にはしんどさが増しました。うちの雑誌は編集長と副編集長、ヒラの僕という3人だけで作っているので、上司には迷惑をかけっぱなしになってしまって。でも、前より

高校時代はバンドでキーボードとボーカルをやってました

大学時代、教育実習・最後の授業での1枚。このあと号泣しました

シアトルに留学していた頃お世話になった方と鎌倉へ

テラスハウスのオーディションに潜入取材をした時。髪がボサボサ

ヨッシー（吉野）の食べっぷりは気持ちよかったです

も会社に来ることが楽しくなったり、自分の仕事にやる意味があると思えてくるようになったのは事実です。

――その変化が起きた理由とは？

仁　テラスハウスのメンバーって、あんなに華やかな子たちなのに、それぞれの仕事や夢に向かってものすごく努力しているんですよ。次の日の朝も早いのに、真弥ちゃんが夜中まで課題をやっていたりとか。他人が努力しているところって、普段はなかなか見れないじゃないですか。「俺、何やってたんだろう」と思ったんです。前の自分は他の人と同じくらい努力しているつもりで、だけど結果が出ないのは、「要領のいい悪いがあったら、俺は悪い方なんだろうな」と言い訳していた。違うんですよね。みんな僕よりも一生懸命、努力していたんです。そのことに気付いた時は自分のふがいなさにものすごく落ち込んだんですけど、そこから一気にモチベーションが上がりました。みんなに負けないくらい頑張るぞ、と。

『テラスハウス』での経験が僕の心の支えになっています

――仕事の悩みが解決しつつある中で……恋愛に関してはどうですか？

仁　恋人は2年いないんです。前の恋人のことは今でも思い出すくらい好きだったんですけど、大学を卒業して、次の一歩を踏み出すっていうタイミングで、お互いに自分以外のことを気にしている暇がなくなってきて、別れました。今思えば「馬鹿だったなー」と。もっとちゃんと力を抜いて向き合えば良かったなと思っていますね。その後も、恋愛に関しては、そういうのがクセになっちゃってるなって思います。放り投げグセみたいな。テラスハウスに来るまでは恋人が欲しいと思いつつ、仕事のせいにして恋愛からは逃げてました。

――テラスハウスで、恋はできましたか？

仁　今すべき恋をした、という感じだと思います。次の恋に行くための恋をしたっていう感じが……今、僕は何を言い出したんですかね（笑）。でも、テラスハウスに入る前は、仕事が忙しいから女の子と会ってる時間なんてないしとか思っていたんですけど、時間は無理矢理作れるものだったんですよね。いろんなことを重く考え過ぎていたなと思ったし、恋愛することっていいか悪いかで言ったら、絶対にいいことじゃないですか。そのことを思い出させてもらいました。

――テラスハウスを出てからは、どんな日々を過ごすつもりですか？

仁　まずは今作っているこの本を、いい形で完成させたいです。それと編集者、ひとりの男としてちゃんと自分の持ち場を見つけたい。今回の本作りの過程で、『テラスハウス』の卒業メンバーのみなさんにお話を聞かせていただいたんですよ。この家に住んでいた経験が仲間とのつながりになっていて、そのつながりが、前に向かっていくためのエネルギーにもなっているのを知ったんです。僕もそのつながりの中に入れたんだなと思うと、勇気が湧いてきます。『テラスハウス』での経験が今、僕の心の支えになっている。人が頑張っている姿を目の当りにすることって、こんなにも自分のエネルギーになるんですね。

おたべじん 1989年11月20日生まれ。東京都豊島区出身。上智大学文学部英文学科卒。在学中より音楽ライターとして活動。『CDジャーナル』ほか雑誌・ウェブメディアで執筆。2013年、太田出版に入社。カルチャー誌『Quick Japan』編集部所属。

My Private Photos Keisuke Yoshino

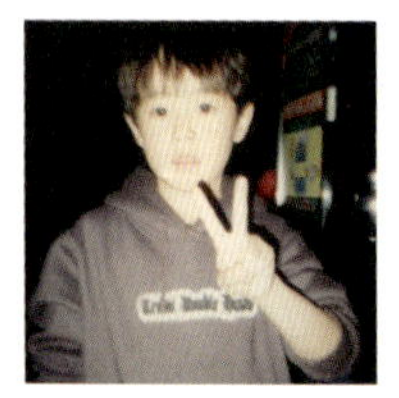
子どものころ旅行に連れて行ってもらった時の１枚

中学３年生の頃です。髪型を頻繁に変えてました

バスケットボールは、ずっと続けていきたいです

スケボーが趣味。身体を動かすのがやっぱり好きです

仁くんと江ノ島に貝を食べに行きました。うまかった!

もちょっと教えてもらっています。てっちゃんともご飯行ったりとか、スケボーをやったりとか。お兄さん的存在で……仁くんと変わんなくなってきちゃった（笑）。

――では、女性陣は？

圭佑　真弥ちゃんは、一緒に買い物に出かけて服を選んでもらいました。「よっしーにはこれがいいんじゃない?」って選んでくれたのが、僕が普段着ている感じとはぜんぜん違うしゅっとした恰好だったんですけど、それを着て帰ったらメンバーたちの反応がとても良かったです。「ヨーロッパだね」とか言われました（笑）。ゆいちゃん（松川佑依子）はよくキッチンに立って、ご飯を作ってくれます。聖南さんもたまにご飯作ってくれます。

――みんなと仲良くできているみたいですね。

圭佑　僕は長男で妹と弟がいるんですけど、もし自分にお兄ちゃんとお姉ちゃんがいたらこんな感じのかな、と。みんな、優しいんですよ。お腹がすいて冷蔵庫を開けると、「よっしーへ」というメモと一緒に、食べ物を買っておいてくれたりするんです。あと、みんなは自分の夢を、はっきり口に出して言うんですよね。それを聞くことは、僕にとって絶対にプラスになっていると思います。僕も自分の夢をどんどん口に出していって、自分を追い込んで、もっと頑張らなきゃなと思えるようになりました。

いつか夢を叶える その姿も見てほしい

――今までの話の中で青春、仕事、夢というキーワードが出てきましたが……恋愛についてはどうですか？

圭佑　中学の頃に彼女がいて、そこからずっといないです。高校を中退してからほとんど女の子と関わってこなかったので……。出会うとしたらバイト先だと思うんですけど、おじちゃん、おばちゃん、あとは若いお兄さんばかりで（笑）。

――中学の頃の彼女には、吉野さんから告白したんですか？

圭佑　ふたりいたんですけど、ひとり目は告白されて、ふたり目はこっちから告白しました。小学校の時からずっと気になっていて、違う中学に行った子で。「好きだから付き合ってください」と言ったら、「いいよ」って。でも、「他に好きな人がいる」と言われて、半年でフラれました。引き止める、みたいなことをすればよかったんですかね。

――テラスハウスに入ることで、恋する気持ちを思い出したいという感覚もあった？

圭佑　それもちょっとありました。恋愛がしたいというかドキドキを思い出したかったんです。

――吉野さんがドキドキを思い出せたのかどうかは、映画を観てのお楽しみですね。吉野さん的なみどころは？

圭佑　僕の喜んでる顔を観てほしいです（笑）。バスケしてるところだったり、バイトしているところだったり、みんなと一緒に生活して青春を楽しんでいるところだったり。これからもたまにみんなと会いたいなと思いますね。リビングで話した「プロのバスケット選手になる」という夢を叶えるところを、見てほしいなって思います。

よしのけいすけ 1995年6月18日生まれ。埼玉県草加市出身。高校中退後、プロバスケットボール選手を目指し、アルバイトやバスケットボールスクールのコーチをしながらプロ選手への関門＝トライアウトに挑戦を続ける。テラスハウスではロコマートのアルバイトも経験した。

New Member 4

吉野圭佑

Keisuke Yoshino (19)プロバスケットボール選手志望

『テラスハウス』が見せてくれるリアルのひとつは、「青春」だ。プロバスケットボール選手を目指す19歳の彼の姿が、映画の観客にそれを見せつけてくれるだろう。青春の喜び、夢を言葉にする意義を、教えてくれる。

――なぜテラスハウスに入居しようと思ったんですか?

圭佑 高校を1年でやめちゃったので、同年代の友達と楽しく過ごす、みたいなことをやってきていなかったんです。テラスハウスでみんなと一緒に住むことで、そういうことができればなあと。オーディションでも「青春がしたい」という話をしました。

――いざ共同生活を始めてみたら、最初はどうでしたか?

圭佑 家の中にずっとカメラはあるし、メンバーは全員年上だったので、僕はどう振る舞えばいいんだろうという感じはありました。最初に来た日のご飯がカレーだったんですけど、味はするんだけど、うまく喉を通らなくてちょっと残したのを覚えています。でも、今は楽しいです。ご飯もいっぱい食べてます(笑)。

――吉野さんは、これまでどんな人生を歩んできたんですか?

圭佑 バスケ一筋、という感じです。小学校1年からバスケットを始めて、中学校では部活動でずっとやっていました。高校を中退した後は、いろいろな社会人チームに顔を出して、プロを目指して練習をしています。プロリーグの会社で、子どもたちにバスケットボールを教える育成コーチのアルバイトもしていますね。

――バスケ選手として、どんなプレイスタイルの持ち主なんですか?

圭佑 自分じゃああんまり分からないんですけど、人よりちょっと跳べる、かもしれないです。高さも、滞空時間も。ちょっとだけですけど(笑)。

――プロになるための階段で言うと、現時点ではどれくらい?

圭佑 まだスタート地点ですね。2013年の6月にプロリーグのトライアウトを初めて受けて、まったくいいところを見せられず、落ちました。でも、自分の今立っている位置が見えたし、あとは下から上がっていくだけなので、次のチャンスが楽しみです。

大事なことは自分の夢を口に出すこと

――メンバーひとりひとりについての話を聞かせてください。

圭佑 (小田部)仁くんとは、一番出歩いていますね。ご飯を食べに行ったりとか、彼が江ノ島について詳しいので、連れていってもらったりとか。ギター

SCENE COLLECTION

TERRACE HOUSE **CLOSING DOOR**

テラスハウス ダイアリー

Terrace House Diary

新メンバーのひとり、小田部仁が、テラスハウス入居決定からの日々を書き綴った日記の一部を公開

まさかの連絡。
「来週から入居しませんか?」

ぼくは、もしかしたら長い夢をみているのかもしれない。今日、上司の所に『テラスハウス』の制作会社から「来週からテラスハウスに入居しませんか?」との連絡があった。全く予想だにしなかったオファーにただただ驚いている。

たしかに2014年の夏ぼくは、自分が働いている雑誌『Quick Japan(クイック・ジャパン)』の取材の一環(Vol.115)としてメンバーオーディションを受けた。しかし、その後、番組は終了を発表し、結果も結局聞けずじまいだった。それが今度はなんと映画になるのだという。ぼくの上司はその映画にあわせてテラスハウスのすべてをまとめた本を作るつもりでいるらしい。「で、どうする住むの?」と、上司に聞かれたぼくが悩みながらも出した答えは「荷物を用意します」だった。

入居前日、深夜3時。
まだ空っぽのスーツケース

ここ数ヵ月、仕事がうまくいかず悩んでいた自分としては正直なところ、ありがたい話だった。同年代の男女と一緒に暮らすテラスハウスという特殊な環境に身を置くことによって、なくしてしまった夢や、しばらくいない恋人も見つけられるかもしれない。それに、テラスハウスに行けば、どれだけぼくがみっともない姿をさらしても、少なくとも『Quick Japan』やテラスハウスの本のPRにはなる。何より、出演者として自分が番組に関われるなんてめったにない機会だ。ワクワクしないといったらウソになる!

さっそく「来週から」ということだったので、とりあえず、家に帰って必死に荷造りをはじめた。でも、テラスハウスってそもそもどこにあるの? っていうか、これドッキリじゃないよね? 最初は浮き足立っていたものの、話がうまくできすぎていて段々と色々なことに疑心暗鬼に。夢なら早く覚めてほしい……。

てっちゃんとの
顔の大きさの違い……

入居前インタビュー。
テラスハウスの本を作る

今日は、入居前インタビューを会社の会議室で受けた。取材をしたことはあっても取材を受けたのは初めて。カメラで撮られていることに緊張してしまって、自分の名前さえうまく言えなかった。余計なことや筋道の通らないことばかり話してしまったような気がする。あぁぁ、どこかでこの映像が流れるなんて考えたくもない!

家族や友だちには「会社の都合で神奈川の方に住む」と言っただけで、まだ何もテラスハウスのことは伝えていない。ドモりながら自己紹介するぼくの映像を観て、あいつらなんて思うんだろう。怖いから、今は考えないようにしておこう……。

インタビューをニヤニヤしながら聞いていた上司と、映画に合わせて発売する予定の本について話し合う。テラスハウスを卒業していったメンバーの今とこれからを明らかにするような本にしたいということになった。住みながら、ぼくは、いろいろな過去のメンバーのところを訪れて取材をすることにもなった。あのメンバーたちに直接会えると思うとワクワクする。

まさか自分がこのプレートに
「鍵」を置く日が来るとは!

男子部屋のベッドの上で

今、テラスハウスの男子部屋のベッドでこの日記を書いている。現実感ゼロ。てっちゃんの

寝息が聞こえてくる。ぼくはといえば、まったく気が落ち着かず、明日も早いというのに目が冴えてしまって眠れない。それは、隣のベッドにいるもうひとりの男子新メンバー、吉野くんも同じのようでモゾモゾと何度も寝返りをうっている気配がする。

みんなでご飯を食べるというのが
何よりの幸せ

テラスハウス、1日目はとにかく疲れた。TVで観たとおりのリビングルーム、TVで観たとおりのオシャレな生活、TVで観たとおりのてっちゃん、そして、新しいメンバーの女子がふたりと男子がひとり。会社員でグラビアアイドルもたまにやっているという松川佑依子さん(ゆいちゃん)と、デザイナー志望の専門学生、和泉真弥(マヤ)ちゃん、そして、プロバスケットボール選手を目指しているという吉野圭佑(ヨッシー)くん。3人とも、それぞれにとても個性的だ。これから、このメンバーとのテラスハウスでの生活が始まる……はずなんだけど、やっぱりまだ全然現実感がない。

カメラにもまったく慣れない。ぼくらがただ携帯をいじっている時にもカメラはずーっとまわっている。とても変な感じだ。スタッフさんは気配を完全に消しているものの、やっぱり自分はどうしても気負ってしまい、『テラスハウス』っぽいことを言おうとしてしまったり、普段だったらしない不自然な行動をしたりする。

朝起きるとてっちゃんが
何故かリビングで寝ている
ということが多々あり

そんなぼくとは対照的にてっちゃんは本当にフツーに生活している。お菓子を食べたければ食べ、トイレに行きたければ行き、下ネタも躊躇せずに言い。2年暮らしていたら否が応でも慣れるか。マヤちゃんもてっちゃんと同じくらい自然に振舞っている。おっとりした感じの松川さんとは対照的にズケズケと物を言う。20才の彼女に「小田部は全部演技臭いね」なんて言われてしまった……。

ご飯の材料を買い出しに行ったスーパーでさえカメラはまわっていた。そんな状況の中で普段通りの買い物なんてできやしない。そもそも普段、ぼくはどんな風に買い物してたんだっけ? なんだか自分の一挙手一投足を自分自身で今一度解析し直していくような行為に思える。仕事とか恋愛とか以前に、この生活に耐えられるのかなぁ。

テラスハウスの普通の生活

入居した次の日の朝は、目を覚まして自分がテラスハウスにいるという状況を認識するのにだいぶ時間がかかった……。リビングルームに行くと、すでにまわっているカメラ。スタッフさんたちは何時からスタンバイしてたんだろう。ゆいちゃんとてっちゃんも起きてきて、一緒にゆいちゃんが作ってくれたピザトーストを食べた。おぉ……シェアハウス生活!

意外と綺麗好きなマヤ。
掃除番長として
小田部と吉野を従え君臨!

ぼくとゆいちゃんは会社にいく時間が重なるということがわかった。海が見える電車をゆいちゃんみたいな可愛い女の子とふたりで揺られていると、なんだか自分まで素敵な人間になったような気がして……。1時間半以上ある通勤時間の間にたくさん話した。今まで付き合ってきた彼氏全員に浮気されたというゆいちゃんは「私、真面目な人と次は付き合いたい」なんて言った後に「仁くんって真面目だよね」と一言。……どれだけの男がこれに勘違いするか!

事情を知っている会社の人にはさっそくいろいろ聞かれた。「どういう生活してるの?」「みんな、おしゃれ?」「てっちゃん、どんな人?」などなど。全身を上から下まで見られて「まだぜんぜんテラスハウスっぽくないね」なんて言われたけど、余計なお世話だよなぁ。

テラスハウスで生活するのは本当に気分がいい。こんな家に住むことは一生ないだろう。窓越しには海が見える。大きなキッチンは料理をするのも楽しい。何より、帰ったら誰かが待っていてくれるというのが、新鮮だ。ひとり暮らしをはじめて、1年間味わっていなかった感覚はなんだかほっこりする。男子部屋横のシャワールームに、てっちゃんやヨッシーのパンツが放り出されてるのもなんか笑えてしまう(片付けてほしいけど……)。全員が帰ってくるとトランプやジェンガみたいなテーブルゲームをする。まるで修学旅行や合宿のよう。てっちゃんを除いてぼくらはやっぱりまだまだ遠慮がちだ。ゲームを一緒にすることによって、ちょっとずつ打ち解けてきているような気もする。思えば、てっちゃんは、こういうプロセスを21人ものメンバーとやってきたんだもんなぁ。彼が大人びて見えるのも分かる気がする。

ミステリアスなてっちゃん

てっちゃんはミステリアスだ。人を突き放すような孤独な表情でソファーに座っていることもあれば、すごく人懐っこく絡んでくるときもある。仕事やプライベートも、実は謎が多い。よくどこかに出かけていて、夜遅くまで帰らないこともある。テラスハウスの昔のメンバーとは頻繁に会っているらしい。でも、ぼくらにはあんまり詳細は話してくれない。いろいろあるんだろうけど、少し寂しい。

この間、てっちゃんと鎌倉の呑み屋で、ふたりで呑んだ。場所も時間もてっちゃんがセッティングしてくれた。仲良くなろうと気を遣ってくれたんだろう。こういう小さな心遣いがうまい。役者としてもっともっと成長したいと思っていることを、熱意を込めて話してくれた。黒目がちで真っ直ぐな瞳が強い光を放っていた。毎日、プレイルームで映画を観ながら勉強し、太宰治なんかの純文学を読んでいる。そういう真摯な努力を続ける、てっちゃんの姿を知ってる人は多分少ない。でも、その様子は真剣そのもので「……本気なんだなぁ」と、バカみたいに年下に感心してしまった自分が情けない。

そういえば……てっちゃんから「ふたりの女の子、どっちが気になる？」と聞かれたのを思い出した。ぼくはとっさに「マヤかな」なんて冗談っぽく言ったけど、どっちがどっちなんてまだ、わからないというのが正直なところ。てっちゃんは、ふたりのうち、どっちが気になっているとかあるのだろうか？　まぁ、なんとなくわかるけど……。

マヤは、意外と頑張り屋

マヤは、本当に面白い子だ。歯に衣着せぬ物言いでバンバンツッコんでくる。「偉そうなこと言ってるけど、自分にも厳しいんだよ！」とは本人の弁だけど、まさにそんな感じがする。20才という年齢に至るまでに彼女なりにひとつひとつの体験を噛み締めてしっかり生きてきたんだろう。メンバーの全員に対して（彼女にビシバシ怒られているぼくにさえも）気配りしている。特にゆいちゃんには女子同士で気を遣い合っているような気がする。ふたりとも気疲れしないといいんだけど、というちょっと余計な心配をぼくはしている。

ゆいちゃんは甘いもの好き。
冷蔵庫には必ずスイーツが

一見、適当でチャラチャラしているようなやつにも見えるんだけど、デザイナー志望の専門学生らしく、毎日きちんと大量の課題をこなしている。ぼくが夜中リビングルームで仕事をしていると「課題やんなきゃー！」とか言いながら、大量の糸とか布とかデッサンを並べて延々と服の見本（？）を作っている（そして、大概ソファーで腹を出して寝落ちしているので毛布をかけてやる）。

しかも彼女、バイトのために、ぼくやゆいちゃんよりもはるかに早く家を出ていく。ものすごく頑張り屋だ。自分が20才のころのことを振り返ると、とてもじゃないけど彼女にビシッとした大人の一言なんて言えない……。

ゆいちゃんと一緒に仕事に行く

今日は、電車の遅れもあり、会社に遅刻してしまった。テラスハウスに住んでいることで早く帰ることが多くなったので、いついつまでに欲しいと言われていた書類が提出できなかったり、企画書のノルマがこなせていなかったりと、業務に滞りが出ている。頑張っている他のメンバーのことを考えると情けなくなる。ちょっと落ち込みながらテラスハウスに帰った。

吉野の日課、裸・筋トレ。
さすがにこれは
聖南さんはできなかった

ゆいちゃんなんて、金融系のOLとしてバリバリ働いて何本も契約をまとめながら、仕事終わりとか休みの日にはグラビアアイドルの仕事までこなしている。週末に弾丸で海外ロケに行き、そのまま疲れた顔さえ見せずに、笑顔で夕食を一緒に作ってくれる。彼女と話しているのはとても楽しい。ゆいちゃんは聞き上手だし、話し上手だ。グラビアアイドルという仕事や会社員としての仕事、そして、恋愛について。いろいろ辛い経験をしてきたことを話してくれた。彼女は華やかな見た目とは裏腹に自分自身を決して飾り立てることもなく、率直に話をしてくれる。自分とは違う世界に住んでいる人だということはわかっているのだけれど、彼女の等身大の悩みや今考えていることなんかを聞くと、妙に心が落ち着くのはなんでだろう。

貝を食べに江ノ島へ。
男ふたりの湘南の休日

毎朝、一緒に仕事に向かうのが、とても楽しい。こんな腑抜けたことを言ってるから遅刻したりするんだよな……。しっかりしないと、ダメだ。

ヨッシーに青春はやってくるのか？

ヨッシーはとにかくよく食べる。プロバスケットボール選手を目指す19歳としては痩せ過ぎているので、もうちょっとウェイトをつけないといけないのだとか。とにかく、最近、食材の減りが妙に早い。気がつくと夜中のうちに冷蔵庫が空になっている。いっぱい食べるヨッシーが可愛くて、みんな何かあるとご飯を作ってあげたりしているから、すぐに食料がなくなってしまうのだ。でも、あいつよく食べるクセに全然家事をしないもんだから、みんなとしてはちょっと不満が溜まっている。一言言わないとなぁ……。

帰る時刻には
毎日グループチャットで
こんな会話が

今までひとり暮らしをしていたときには、週末しか買い物には行かなかった。でも、テラスハウスに来てから、みんなでご飯を食べるのが楽しくて、帰りに食材を買ってくるのが日課になった。「今日はなに作ろうか、なに食べたい?」なんてLINEのグループメールで会話して帰ってみんなでワイワイ言いながら料理してっていう毎日が嬉しい。

ヨッシーは家庭の事情で高校を中退している。テラスハウスに来たのも高校時代に体験できなかった青春らしいことをしたいからだという。無口で一見、クールにみえる吉野だけど実はとても人懐っこい。急に裸で筋トレし出したりとか、人を笑わせようとするひょうきんなところもある。てっちゃんからは口コマート（てっちゃんが昔働いていた園芸店）でのアルバイトも紹介してもらうようだ。

青春がどんなものかはっきりとはわからないけど、ヨッシーがテラスハウスを出るときに「楽しかった、来て良かった」と言ってもらえるように、色んな機会をたくさん作らなきゃなぁと考えている。

江ノ島の休日

今日は、江ノ島に遊びに行った。ふたりきりになれるかなぁと思ったけど、まぁ、そう、うまくはいかないか！ ちょっと寂しい半面、変な勘違いとかで恋愛が始まらなくてよかったとホッとする。しらす丼は美味しかった。浜辺をずーっと歩いた。湘南の休日は、こんなにゆっくりしているのか。とてもリラックスしていて心地よかった。

帰ってから、マヤとヨッシーと冷蔵庫の片付けをした。ゆいちゃんが積極的に料理をするのとは対照的に、家事をしないイメージのあったマヤだけど意外と片付けマニアだということがわかった。ぼくとヨッシーをどなりつけながら、汚れたキッチンをピッカピカにしてくれた。ぼくがあまりにも適当に食器の水洗いなんかをするので「小田部とは絶対に結婚できない！」と何度も言われたけれど。

ラストトレンディー
島袋聖南、現る

「あの」聖南さんがテラスハウスにやってきた。しかも、メンバーとして入居するらしい……。まだ、とても混乱している。最初に応対したのはぼくだったのだけれど、チャイムの音はしなかったのが何よりの不意打ちだった。完全に聖南さんのペースに飲まれてしまい、次の日、会社もあるというのにワインをガブガブ呑み、完全に泥酔。ほとんど何も覚えていない。ゆいちゃんやマヤちゃんも助けてくれりゃいいのに、ぼくを置き去りにしてふたりともさっさと寝てしまった。

夜中も頑張るマヤとてっちゃん。
ただしふざけはじめると止まらない

「テラスハウスがまだやっているって聞いて、いてもたってもいられなくなって戻ってきた」なんて言ってたけど、「3度目の正直」はあるのだろうか？ 雑誌の仕事をするって言ってたけれど、またモデルやるの？ 彼氏の伊東大輝くんとは、あんまりうまくいってないらしい。そりゃー、テラスハウスに戻るってなったら、彼氏だったらちょっと気にしちゃうよなぁ。

聖南さんが来たことによって、「テラスハウス感」が増した。今まではいい意味でも悪い意味でも「ほんわか」とした雰囲気だったのが、なぜだかわからないけれど、一気に緊張感がにじみ始めた。聖南さんがメンバーに対して厳しいとかそういうことではなくて、彼女の持っているオーラがそうさせるんだと思う。

夕暮れ時には、江ノ島が
真っ赤に染まる

聖南さんは実はとても優しい。カメラを気にし過ぎてうまく生活できないぼくに「大丈夫だよ。そういえば昔こんなことがあって……」なんて過去の裏話をして安心させてくれる。TVで観るイメージとは少し違い、クレバーで情に厚い人という感じがする。

聖南さんとてっちゃんの間には確かな絆がある。ふたりのかけあいは、同じ長い時間を過ごしてきた戦友同士の会話のようだ。ぼくらがまだ得ることのできない、本当にわかりあったふたりの会話。テラスハウスはそんな関係も生むんだなぁ、と、感慨深くなる。

テラスハウスの夜に
勇気付けられる

テラスハウスに来て何より驚いたのは、夜遅くまでメンバーのみんなは頑張っているということ。てっちゃんは、自分からそうとは言わないまでも、俳優の勉強のため、本を読んだり映画を観て勉強している。マヤはマヤで専門学校の課題を夜な夜なチクチク作っている。ゆいちゃんは株の本を読んだり、他のグラビアをみて研究したり……最近、聖南さんはヨッシーと筋トレをしている。モデルの仕事を本格的に再開するために、体を鍛えないといけないらしい。小中高生のバスケチームのコーチでもあるヨッシーにやり方を教えてもらって、聖南さんが悲鳴をあげながら筋トレをしている姿はかなり笑える。みんながそれぞれ必死になっているのを見ていると、自分にはいかにそういった「必死さ」が足りなかったのかということを思い知らされる。

ヨッシーとマヤが並ぶと
姉弟みたいな雰囲気

出張で地方へ。寂しさを覚える

出張のため、地方に泊りがけで出ることになった。ホテルで一息つき、カメラのない生活、周りに人のいない時間にちょっとホッとする。ひとりきりの時間ってそういえばここ最近なかったなぁと思う。ご飯を食べに行って誰とも何も喋らず、テラスハウスのみんなから送られてくるLINEを見ていると、なんだかとても悲しくなってきた。今頃、ハロウィンパーティーをやっているという湘南の家を想像する。カメラが回っている、常に誰かがそばにいるという生活に、少なからずストレスを感じていたはずなのに、今ひとりになってこんな風に寂しさを感じている自分が不思議だ。

冷静になることができない。これは恋なのか？

めちゃくちゃ緊張して、何を話したのかも覚えてない。それもこれも聖南さんのせいだ。いきなり「彼女、おたちゃんのこと気になってるかもよ」なんてぼくをけしかけるから、こっちも勝手に舞い上がっちゃって、勢いでデートに誘っちゃったんじゃないか！　そしたら、まさかのOKだよ。逆に困ったよ！

黒板には毎日
誰かしらのメッセージが

ランチデートに出かけた……。毎日一緒に暮らしている子と改めてふたりっきりになるのが、こんなに緊張することだとは思わなかった。お陰でメシにはほとんど手をつけられなかった。

カメラが回っていると、必要以上にドキドキする。なんだか、言葉のひとつひとつや自分の想いまでもが過剰に増幅されていくような気がして……。普段言わないような余計な一言までぽろっと言ってしまう。

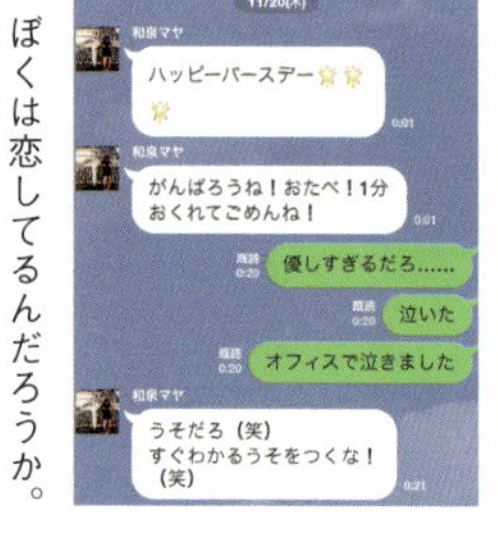

誕生日にマヤから届いた
メッセージ。会社で号泣

ぼくは恋してるんだろうか。あの子のことが本当に好きなんだろうか。それともテラスハウスって特殊な環境が生み出すマジックなのか。帰り際、「次も誘ってね」と言われた。そんなことを言われたら誘わずにはいられないだろう。この気持ちが本当かどうかよりも、もう胸が苦しくてとても日記は書けないので、今日は寝ます。

テラスハウスの強い仲間同士の絆

いよいよ、『TERRACE HOUSE PREMIUM』の作業が本格的になり、取材に出始めた。山中さんやけんけん、ちゃんもも◎、などなどいろんな過去のメンバーに取材に行ったのだけれど、みんな強い絆で結ばれている。テラスハウスを卒業したメンバーには共通のLINEグループがあるらしい。その中で「ご飯を食べに行こう」とか「遊びに行こう」とか「今これ頑張ってるんだー」なんていう報告をし合っているのだという。同じ家で暮らして、同じ時間を過ごした仲間だからこそ共有している未来への意志。強くて固い絆を感じている。

そんな取材尽くしの毎日の中、テラスハウスの歴代のメンバーの中でも「レジェンド」とも言うべき洋さんが急に家に遊びに来た。ナマ洋さんの存在感はやはり強烈だった。そして、またも起こしてくれた大波乱……。マヤはすでに彼のことがちょっと気になっているのが分かる。また、面白い日々がやってきそうだけど、そろそろ『Quick Japan』の締め切りも近くて、家に帰る時間が少なくなりそうな様子。せっかく、みんなと仲良くなり始めた時期なのになんだか惜しいなぁ。

自分の気持ちに気づいた夜

取材が立て込み、まったくテラスハウスに帰れない時期が続いている。みんな、今頃何してるんだろう……なんて、深夜の職場でおにぎりをかじりながら思う。忙しい最中、企画が通り和歌山への出張も決まった。とてもやりたかったアーティストの仕事を任せてもらえて嬉しい。

ただ、このあいだのデートの後、ほとんど彼女と話せていないことが気がかりで、仕事をしていても彼女の顔が頭に浮かぶ。結局、情けないことにその想いをとめることができなかった。かなり無理を言ってもう一度、デートに誘った。彼女もかなり困っていたと思う。実際、女子部屋では気持ちが破裂してしまったようだった。

てっちゃんは暇さえあれば
ギターをいじっている

無理を言ったお詫びにプレゼントも買って、けっこういいレストランも予約した。でもそれは結局のところ彼女のためじゃなくて、全部自分のためだったのだと思う。ぼくは……自分本位なヤツだ。テラスハウスみたいな状況じゃなきゃおそらく彼女とは巡り合わなかっただろうし、彼女みたいに可憐な人を好きにはならなかっただろう。ぼくとはまるで違う世界の人だから。でも、カメラの前にふたりでいると不思議と親密な雰囲気が生まれる。これを勘違いだというんならそうなんだろう。でも、その夜、ぼくは自分の気持ちにはっきりと気付いてしまった。ぼくは、彼女のことが好きだ。

仕事・仕事・仕事・仕事！

仕事・仕事・仕事・仕事。誕生日もせっかくパーティーを開いてくれると言っていたのに、帰れなかった。どうしてこうもぼくはいつも間が悪いんだろうなぁ。でも、今、目の前にあることをしっかりと形にすることが、次の一歩につながる、そんな気がしている。とりあえずは、やるべきことを頑張ろう。11月20日の0時になった瞬間、「ぽんっ」ときたマヤからの「誕生日おめでとう」というLINEメッセージに心が温かくなった。

てっちゃんと、恋のライバルに!?

ようやく、『Quick Japan』も校了し、ほっと一息ついている。今回の号では自分がずっとやりたかった音楽のアーティストの取材という一歩を踏み出すことができたのでとても嬉しい。なんだかとても達成感がある。久しぶりに帰ったテラスハウスは温かい空気に満ちていた。

久しぶりに家に帰って彼女の顔を見ることができて嬉しかった。リビングで雑誌を一緒に読んだりドーナツを食べたりしていると、もう付き合っているような錯覚を覚える。「次いつご飯行こうか」という話で盛り上がる。いろんなことがスムーズに進んでいるようで嬉しい。

なんだか妙にキメている、
てっちゃん……

てっちゃんは、ぼくたちふたりが話している間中、ずっとイライラしていた。後々、男子部屋で話してみるとやっぱり彼女のことが好きだったらしい。まさか自分がてっちゃんの恋のライバルになるとは思いもしなかった。……ぼくの分際で？

リビングで彼女とふたりで話していたときには、来週末どこかにご飯でも行こうかという話になっていたのだけれど、てっちゃんもできればデートに行きたいという。3人でどっか行くっていうのも変だしよくよく考えたのだけれど、てっちゃんに来週の週末は譲ることにした。「譲る」ってぼく、何様だよ！ でも、まぁ、ぼくの方は2回もデート行ってるし良いか。このデートを譲ったことが後悔につながらなきゃいいんだけどなぁ……。不安で仕方がない。ちくしょう。筋トレでもするか。

どうなる、テラスハウスのクリスマス

映画『テラスハウス』の予告編が公開された。家でてっちゃんと聖南さん、ヨッシーとそれを観る。ものすごく変な感じ。映画のタイトルは『テラスハウス クロージング・ドア』というらしい。自分たちが暮らしていることそのままが映画になるなんて、とても奇妙だ。ぼくは予告編には背中しか写っていなかった。ヨッシーに至っては背中すら映っていない。

「これから有名になるよ」なんて、てっちゃんや聖南さんには言われたけど、全然その実感がない。今だって、ぼくらはテラスハウスに住んでいるし、ぼくやてっちゃん、それに他のみんなの恋の行方だってはっきりとしていない。映画は2月14日に公開される。でも、その結末はまだ決まっていないのだ。そして、それは、ぼくら次第で決まる……。

もうすぐ、クリスマス。てっちゃんとのデートが済んだら、次はぼくの番かな。何をプレゼントに用意しよう……なんてぼんやりパソコンを開きながらそんなことを考えている自分に驚く。テラスハウスに入る前は仕事すら満足にいっていなかったのに、今は『TERRACE HOUSE PREMIUM』の編集をしながら、恋愛のことにまで気を回しつつ思い悩んでいる。あれほど時間がない、恋人なんかできるわけないって言っていた自分が、環境と仲間に作用されてみるみるうちに変わっていっているのがわかる。

テラスハウスメンバー、
みんなでパーティー！

限られたテラスハウスでの時間もあと少し。もう憧れや夢なんかじゃない。ぼくはテラスハウスの一員なんだ。これからの物語を作っていくのは、ぼく自身。きっと、今ならなんでもできるだろう。たしかに、そんな気がしている。

Chapter3

テラスハウス ヒストリー

2012年の10月から2014年の9月まで、8シーズン・98話に渡って繰り広げられたTVシリーズ。
出演メンバーたちの関係性やシーズン毎のあらすじ、名言をピックアップ。
22人の仲間達が過ごしたかけがえのない日々を振り返る。

Season 1

(#1~13 / 2012年10月12日~2012年12月28日)※1

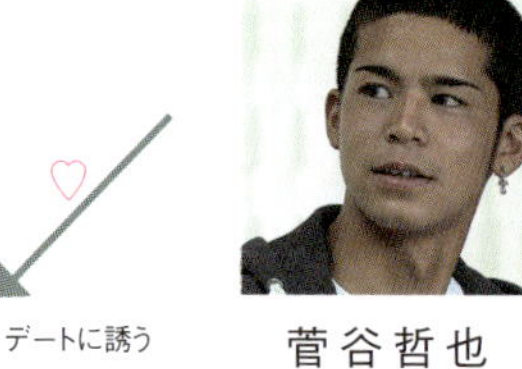

菅谷哲也
(19)※2
高校を卒業後、消防士志望。北原里英に一目惚れする

北原里英
(21)
AKB48のメンバー。恋愛禁止の現役アイドルながら、シェアハウスでの生活に新たな成長を求めてやってくる

中津川翔太
(25)
東京藝術大学4年生。遠距離恋愛中の彼女アリ

湯川正人
(20)
プロサーファー。サーフィンを極めるため渡米することを決意

島袋聖南
(25)
モデル。パリコレを目指している。湯川正人を好きになる

竹内桃子
(21)
作家志望。両親が他界している。テラスハウスで疎外感を感じる

海が見える1軒の家に、見ず知らずの男女6人が集まった。消防士を目指す哲也、プロサーファーの正人、藝大生でアーティストの卵の翔太と、モデルの聖南、作家志望の桃子だ。そして現役アイドルグループAKB48のメンバー・里英の参加に一同は盛り上がる。台本なし、ルールなし、ゴールなしの共同生活が始まった――。

レストランで出会いを祝いながら、それぞれの恋愛観を打ち明ける6人。メンバー内で唯一、恋愛禁止の存在でありながらも「中途半端な気持ちで住むわけではない」と言い放つ里英。哲也は、そんな里英に惹かれるのだった。

一方、聖南が気になっていたのは正人だった。モデルとしての自分に限界を感じていた聖南は、ストイックな正人に刺激を受けて、毎朝ふたりでランニングをするようになる。見知らぬ者同士から始まったテラスハウス内も、料理や花火大会など、共通の体験を重ねるうちに、お互いを高め合い、親密な空気が流れ始めていた。

しかしそんな流れに一石を投じたのが桃子だった。「テラスハウスのメンバーとは共通の言語がない」。桃子は立て続けに両親を亡くしていたのだ。ショックを受ける他のメンバー。彼女の告白をきっかけに、哲也も母がおらず父親には心配をかけたくないと思っていること、聖南も実家が事業に失敗して大学を中退し、母親や妹の面倒を見ながらモデルの夢を追ってきた事情を語った。胸の内を告白し、メンバー達の心の絆はより深まったのだった。

哲也の里英への恋は思うように進まなかった。一緒にハンバーグを作ったり、ふたりだけで流れ星を見たりと距離は縮めているものの、国民的アイドルの彼女に踏み込む勇気が持てないのだ。ふたりだけの横浜デートのあと、里英は桃子に「てっちゃんと恋愛に発展するパターンは……ない」と打ち明ける。

里英が尊敬を抱くようになっていたのは、プロサーファーとして活躍する正人だった。ファッションショー出演の後、「江ノ島にパンケーキを食べに行きたい」と、里英は正人にデートの誘いをかける。翌日。テラスハウスでは里英以外のメンバーが友人を招き、ホームパーティを開いた。深夜まで盛り上がる中、暗闇になった部屋の片隅でじゃれあう聖南と正人。そしてふたりはキスを重ねる――。酔いが覚めた次の日に「覚えていない」と謝る聖南に「それがパーティ」と大人の受け流しをする正人。そして里英とパンケーキを食べに行った。ふたりのデートをまったく知らされていなかった哲也&聖南は複雑な気分になる。しかし里英は里英で、聖南から正人とのキス事件を知らされ、動揺するのだった。

消防士の試験に落ちた哲也は将来を模索していた。そもそも哲也が消防士の仕事を目指した理由は「将来の安定のため」。しかしその思いはメンバーから刺激を受けて、変わりつつあった。桃子から「男らしさ」の意味を教わり、卒業制作に打ち込む翔太から勇気づけられる。正人からは叱咤の言葉も。その一方で、正人は聖南を食事に誘った。そこで飛び出したのは「テラスハウスから出て行こうと思う」という言葉。サーフィンを極めるために旅立ちを決めた正人。そして哲也も俳優志望の夢を抱くようになった。里英も正人に触発され、卒業を決意。ふたりは、これからもお互いがんばろうと誓い合う。最後のデートで卒業を打ち明ける里英に、哲也は「もっと男らしくなるから見ていてほしい」と里英の手を握ろうとするが、その手は振り払われてしまう。しかしクリスマスパーティーの夜、哲也と里英は感謝を伝え合った。

翌日、まずは里英が、そして正人がテラスハウスを出て行った。正人のいない男子部屋に残されていたのは、哲也への思いやり溢れる手紙。哲也は仲間からの思いに涙するのだった。

※1 ただし#13は特別編
※2 年齢はすべて放送当時のものです

テラスハウスの礎を築いた、初期メンバー６名による伝説的なシーズン。
哲也の一目惚れから始まった里英への淡い思い、聖南と正人の刺激的な関係、
桃子が放った一言が強めたメンバー同士の絆……。初々しい名場面・名ゼリフが凝縮！

てっちゃんには度胸が足りないよ。
手ぐらいぱっとつなげるようになりなよ
（桃子）

#9
"PLAYTIME IS OVER"

ふたりだけでご飯へ行った桃子と哲也。テラスハウスの中で気楽に過ごしている時とは違うシチュエーションにお互い照れながらも、哲也の恋愛観について盛り上がる。恋をすると一直線、しかし女の子に対してあまりにシャイすぎる哲也に、桃子がアドバイス。自分から哲也の手をつないでみる。照れながらも、桃子の気遣いに感謝する哲也。ふたりの関係は恋愛ではないけれども、仲の良い友人としての思いやりが伝わってくるのが、この時の桃子の名ゼリフ。

モデルになるにはちょっと遅かったけど、人生1回だし、モデルの夢を追いかけたいなって　（聖南）

#4 "THANK YOU
FOR BEING HERE"

実は両親を亡くしていて将来に不安を感じているという桃子の涙の告白をきっかけに、それぞれが胸に秘めていた思いを話し始めた時に、聖南が口にしたのがこの言葉。父親の事業の失敗や、それに次いだ両親の離婚、母親や妹の面倒を見てきたけれども、それでも断ち切れなかったモデルへの夢を語った。明るくて華やかな性格に思えた聖南の、意外にも努力家な一面がうかがい知れる言葉。そして何かを挑戦することに時間は関係ない!と思わせてくれる。

俺食べたことのないものとか、したことがないこととかさ、いっぱいあるんだよね。19年何してきたんだろうって。いつも同じもの食って、いつも同じことしてさ　（哲也）

#2 "THE BEGINNING
OF SOMETHING NEW OR..."

テラスハウス内でくつろいでいる里英と好きな食べ物の話になり、里英が「馬刺し!」と答えた時に「食べたことないなあ」と哲也。新幹線にも乗ったことがないと語る。さまざまな場所から来て人生経験豊富な他のメンバーに比べると、自分の世界の狭さを感じて、思わず口からこぼれ落ちてしまうこの言葉。里英に「大丈夫だよ、まだ若いんだから」と励まされて「だからさ、もっといろんな経験をしてみたいの」と、将来に向けて夢を描く。

てっちゃんはもっと自分に自信を持って男らしくなってね！ でもその優しいところだったり素直なところは俺が大好きなところだから変わらないでね
（正人）

#12 "MOVING OUT
THE TERRACE HOUSE"

サーフィンを極めるために、テラスハウスのメンバーの中で一番最初に卒業した正人。その正人が出て行ったあと、哲也に残した手紙に描かれていたのがこの言葉。小さな紙に、決して上手とは言えない文字でびっしりと書かれていたのは、3ヵ月を共に過ごした哲也への感謝と思いやりに満ちた言葉だった。正人との楽しかった日々を思い出し、そして手紙から正人の思いが伝わってきて号泣する哲也に、観ているほうも号泣してしまう!

あ、それヤダっ！
（里英）

#12 "MOVING OUT
THE TERRACE HOUSE"

哲也と里英の最後のデート。俳優になりたいという夢が見つかったと里英に打ち明ける哲也。そして里英も卒業の決意を告げる。ショックを受けつつも「俺もこれから頑張るからさ」と言いながら里英の手を握ったときに、里英から瞬間的に出てしまったのが、このセリフ。哲也のテラスハウスでの初めての恋は、実ることはなかった。しかしこの後、里英は「人に想ってもらうのって、こんなに幸せなことなんだ」と、哲也に感謝をして卒業する。

人の夢笑うやつなんていないよ
（正人）

#11
"GETTING BACK UP AGAIN"

消防士の試験に落ちてから自分自身を持て余していた哲也だったが、ようやく将来への希望を定め、まずは正人に、そして男子3人の食事会で翔太にも伝えた。とは言え俳優の仕事は、成功する者の少ない険しい道。途方もない発言と笑われるのでは？ と弱気になっていた哲也に、翔太と正人は目標が見つかったことを心から励ます。特に3浪して東京藝術大学に入学し、アーティスト修行を続ける翔太の言葉は心強く響いた。

Season 2

（#14~25 / 2013年1月11日~2013年3月29日）

宮城大樹
(23)
キックボクサー。勝負のゲン担ぎで4年間彼女がいなかったが、華と両思いになる

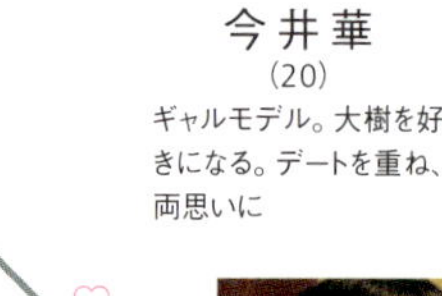

今井華
(20)
ギャルモデル。大樹を好きになる。デートを重ね、両思いに

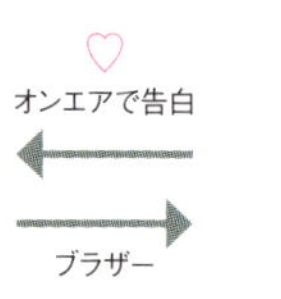

菅谷哲也
(19)
消防士を諦め俳優志望に。新メンバーの華を好きになる

竹内桃子
(21)
王子に気持ちを伝えて卒業する

島袋聖南
(25)
空港で正人に告白。返事を待つ

中津川翔太
(25)
現代アーティストとして独立。卒業する

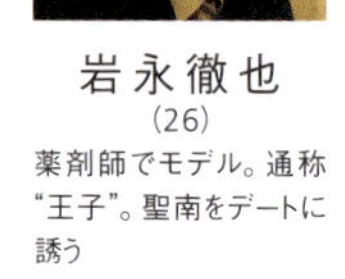

岩永徹也
(26)
薬剤師でモデル。通称"王子"。聖南をデートに誘う

湯川正人
(卒業)
テラスハウス卒業後、聖南を残してアメリカへ

新メンバーにギャルモデルの華がやってきた。明るく料理上手な彼女は、すぐにみんなと打ち解ける。そして華と入れ違うようにして翔太が卒業宣言。哲也にだけ見送りをしてもらい、女子メンバーが寝ている間にテラスハウスを去って行く。涙にくれる桃子と聖南。

続いてやってきたのがキックボクサーの宮城大樹。聖南や桃子に「哲には男を感じない」と語っていた華は、大樹に興味を持つ。そして大樹も、哲也から女子メンバーの感想を聞かれて「顔は華ちゃん」と答えていたのだった。

一方で哲也は、聖南と正人の関係が続いていると知る。「だってチューした仲だし……」。テラスハウスを卒業した正人はサーフィン修行のためのアメリカ行きの日が迫っていた。出発当日、哲也、桃子、そして聖南の3人は正人を見送りに行った。「まーくんのこと好きだった」と告白する聖南。その言葉に戸惑いつつも、正人は「嬉しい。待っていられる?」と。結論は出なかったが、ふたりの関係は新しい展開に入る。

華と大樹は惹かれ合いつつも踏み出せない状況にいた。大樹は「彼女を作らない」ことで勝負のゲンを担いでいたのだ。華もふたりだけのドライブデートを楽しんだり、キックボクサーの日常を知って彼を支えたい気持ちが強まっていたものの、「男3・女3になってからがスタート」と、今の状況で恋愛をしていいのか迷っていた。

哲也が俳優へと踏み出した。月9のドラマに端役で出演したのだ。しかし放送では、その姿を探し出すことすら困難な現状。みんなで観ているところに新メンバーの岩永徹也が入ってきた。薬剤師でモデル、上品な物腰に哲也が「王子」と命名する。聖南、桃子、華は王子を誘って食事へ。恋愛話で盛り上がる中、桃子はさりげなく王子がタイプであることを匂わせるのだった。

大樹は迷っていた。そして聖南に相談をする。今、自分には好きな人がふたりいること。そのひとりが華で、もうひとりはテラスハウスの外にいる人だと……。聖南から事実を聞かされて落ち込む華だったが、聖南に喝を入れられた大樹は、華をデートに誘う。笑顔を取り戻す華。そして大樹は男3人の場で、「タイトルマッチまでには気持ちを決めたい」と語った。

ところがふたりの距離が縮まるのを見て、哲也は複雑な気持ちになる。聖南の前で「自分も華が気になっている」と打ち明けた。放送で知り仰天する華。華にとって哲也は「ブラザー」だったが、哲也は「ブラザーっていうのは男と男じゃん。やっぱり華は女なんだよ」。しかし王子から華への気持ちを問いただされると「フラれても付き合うことになっても、華との今の関係が変わってしまうのは嫌だ……」。桃子にも「このままじゃダサいよ」とばっさり言われてしまう哲也。思い悩んだ末に、卒業生の翔太の前で話す。哲也の華への気持ちは恋愛感情ではなくて「寂しさ」だったのだと思う、と。

いよいよ迎えた大樹のタイトルマッチ。判定に委ねられたその結果は……大樹の勝利だった。試合終了後、華は誰もいない客席に座って大樹を待っていた。勝利のベルトを持参し、華に話しかける大樹。「率直に言うと、好き」。その言葉を嬉しそうに受け止める華。ふたりは両思いになった。

初のカップル誕生にメンバーが盛り上がる中、新しい動きが生まれていた。王子が聖南を食事に誘い、好意を示す。そんな中、卒業を決めた桃子は王子に向けて「ひと仕事」を。今まで人を好きになったことのなかった桃子にとって、そんな気持ちにさせてくれただけでも、王子はすごい人だったのだ。感謝を伝え、王子の頬にキスをする桃子。本格的な春が始まる少し前に、桃子は約半年間を過ごしたテラスハウスを去っていった。

翔太の卒業、ギャルモデルの華、続いてキックボクサーの大樹が入居と、
メンバーが大きく入れ替わり。華と大樹の恋の行方、哲也との三角関係も話題になったシーズン。
さらに新しく入居した王子のキャラクターの強さも見どころに！

言ってよ。そんなの。
どんだけ一緒に生活してんの？
（哲也）

#23
"HIS FINAL CHOICE"

桃子がテラスハウスに帰って来なくなってしまった。一時的に戻ってきた後、テラスハウスに出演していることで自分の中に甘えが生まれてきていたことや、一時的には有名になれたのかもしれないが、将来の自分への不安についてひとりで考えたかったのだと語る。その言葉を受けて聖南が「悩んでいることを知りたかった」と言い、そして哲也もこう返す。初期メンバーならではの強い絆を感じられる言葉は、じわじわと感動を呼ぶ！

まーくんのこと好きだった
（聖南）
超嬉しいよ。帰ってきてお互いそういう気持ちがあったらさ、またデートしようよ。待ってられる？　（正人）

#19
"NO SWEET VALENTINE"

正人のアメリカへの出発を見送る日。ついに自分の気持ちを告白した聖南。さすがはテラスハウス随一のミス・トレンディー！　空港というドラマチックな場所での直球な言葉に、胸がキュンとする！そして「今のタイミングで？」と驚きつつも、うれしさも見せる正人が聖南に伝えたのがこの言葉だった。このまーくんの「待ってられる？」はTVシリーズの中でも1,2を争う名言のひとつ。しかし実際に言われたらけっこう複雑な気持ちになりそう!?

私、本物志向なの！
（聖南）

#15
"A SNOWY GOODBYE"

テラスハウスに入居して初めての女子会で、華が聖南にひとつだけ聞きたいことがあると質問。「洋服から小物まで超一流品で身を固めているのはなぜ？」と問われた聖南が答えたのがこの文句！「良い物を使っていれば自分がそのレベルに合うような気がして」と、あっけらかんと答える彼女に、「聞かなきゃ良かった〜！」と爆笑する華。どこまでがジョークでどこまでが本気なのかが分からない、聖南の愛すべきキャラが明らかになった。

ありがとう、王子。
王子のことめっちゃ好き
（桃子）

#25
"KISS KISS KISS..."

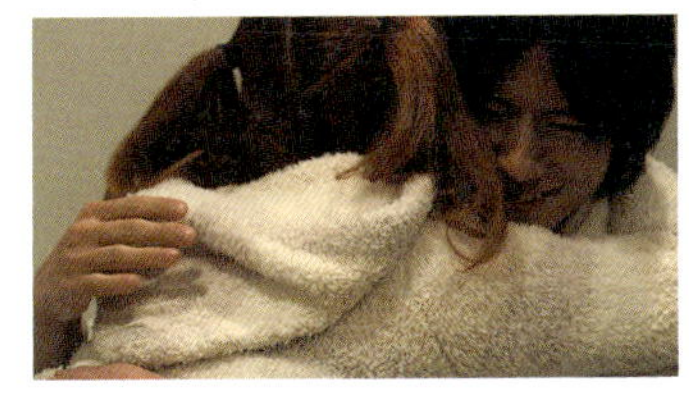

今までに人を本気で好きになったことがないと言い、メンバーの中でも恋愛ネタには絡むことのなかった桃子に「誰かにメロメロになる」という気持ちを起こさせてくれた相手が王子。入居直後から好みのタイプだと公言していた桃子だが、卒業を前にした夜、改めてこのセリフに王子への感謝の気持ちを託した。そんな桃子の言動を優しく受け入れる王子。相手からの答えを求めるような気持ちではなく、純粋な言葉ゆえに見ているほうもときめく！

まーくんがいない間に、
俺が聖南ちゃんを
デートに誘ってもいいの？
（王子）

#25
"KISS KISS KISS..."

突然、聖南をふたりきりの食事に誘った王子は、「聖南さんが本当に好きな人が誰なのかを知りたくて、やって来た」と語る。「待っててって言われて、待ってる人がいる」と答える聖南に、自分が聖南のことを好きになってもいいかと尋ねる王子。実は聖南の気持ちは本気だった。このシーズンからテラスハウスに入居して以来、他のメンバーに比べれば終始マイペースな存在で、恋愛にはあまり興味がないと思われていた王子の意外な言動に驚く。

率直に言うと、好き
（大樹）
……今日たぶん2戦2勝じゃん？
（華）

#25
"KISS KISS KISS..."

大樹の心の揺れ、そして良きブラザーだったはずの哲也が華のことを好きになってしまうなど、さまざまなアクシデントがあった大樹&華の関係。華も、大樹の気持ちを正面から受け入れる気持ちを持てなくなっていた。しかしタイトルマッチで勝利を収めた大樹に、華は「昨日までの気持ちと、今日までの気持ちががらっと変わったのね」と、改めて自分の気持ちを確認し、「嬉しい」と告白を受け入れる。ふたりが両思いになるこの告白の文句は、何度も聞いても胸が高鳴る！

Season 3

（#26~38 / 2013年4月12日~2013年7月5日）

近藤あや
（21）
大学生。王子に告白。「特別な感情はあるけど妹みたいな」と言われてしまい、卒業する

♡ 告白 →

岩永徹也
（26）
聖南への思いをかわされる。あやとの関係にもケジメをつけるために卒業する

× デートに誘うも失敗 →

島袋聖南
（25）
正人の気持ちを確かめるが玉砕する。モデルとして成長するためにテラスハウスも卒業

♡ 告白 →

湯川正人
（卒業）
「聖南よりもサーフィン」と恋に決着をつける

菅谷哲也
（19）
新メンバーの美和子を好きになる

♡ デートに誘う →

筧美和子
（19）
グラビアアイドル。哲也にアタックされるものの、大樹に惹かれていく

♡ 気になる →

宮城大樹
（23）
付き合っていた華と別れることに。美和子の思いを知る

× 別れる ↔

今井華
（20）
大樹と別れ、テラスハウスも卒業する

大樹と華のカップルをうらやましく思う哲也と聖南。正人の帰国の日も近づいていた。そんな中、新メンバーがやってくる。現役大学生のあやだ。「彼氏を作って帰りたい」と入ってきた彼女のタイプは王子だった。一方、王子は哲也に背中を押されて、正人が帰国する前に、聖南を再びデートに誘う。しかし聖南からの反応は「本当に好きなの？ 今まで気持ちが伝わってこなかった」。改めて「聖南ちゃんのことが好き」と告白する王子。しかし聖南はテラスハウスを卒業しようと思っていることを告げる。夢だったパリコレモデルに、挑戦する決意を固めていたのだ。

ある昼下がり、帰国した正人がテラスハウスにやってくる。聖南を連れ出す正人。聖南は離れていた間の思いを語った。告白してくれた人がいたが付き合わなかったこと、正人からの連絡がほとんど来なかった寂しさ―。「サーフィンと聖南、どっちが大切？」。

正人は重い口を開いた。

「……それはサーフィン」。

後日、テラスハウスで聖南の誕生日パーティが開かれた。メンバーが作ったサプライズのケーキやプレゼントに感動しきりの聖南。

「みんな、愛してる」。そして聖南は告げた。テラスハウスの卒業を。

「出て行ってほしくない……」

泣き止まない哲也だったが、聖南は自分の夢を叶えるために新たな場所へと旅立った。

聖南の次に入ってきたのはグラビアアイドルの美和子だ。同い年同士の恋愛話に花を咲かせ、清楚な雰囲気の美和子に哲也の胸はときめいた。

一方、あやは王子への思いを募らせていた。王子が聖南をデートに誘って断られたことを知ったあやは、王子を遊びに誘う。しかし提案に乗った王子が行こうと言った場所は、聖南とのデートで企画していた場所だった。

華は大樹との交際に行き詰まりを感じていた。新メンバーとの女子会でも不安な気持ちを打ち明ける。思っていたよりもモデルの仕事が忙しくなってしまった華。大樹の次の試合の日も海外へ行くことになった。すれ違うお互いを不安に思い、大樹は華にふたりで一緒にテラスハウスを出ようと提案する。しかし華は返事を保留にし、大樹は寂しさを感じるのだった。華の支えなしに、試合前の減量へ挑む大樹を尊敬の目で見つめていたのが美和子だ。哲也から誘われてスケボーデートを楽しんだ美和子だったが、実はずっと気になっていたのは大樹。「どう思う？ 俺と華ちゃん」。大樹は男子メンバーにも華への不安を伝え、恋人らしい体の関係もないことを告白する。

大樹の試合は無事に勝利を納め、メンバーはキャンプに出かけた。そこで華は大樹に自分の意識が仕事に集中していること、大樹とは恋人関係からテラスハウスの仲間に戻りたいと伝える。切ない恋の結末。しかしその言葉を大樹は受け止めたのだった。

あやは王子と一緒に眠るほどの親密な仲になっていた。しかし告白の返事は「妹みたいな感じ」というもの。落ち込んで帰宅したあやを見て、王子に説教する華。その数日後、女子3人の場で美和子は、大樹が気になっていることを華に告げる。驚くが応援する華。そして自分もテラスハウス卒業の決意を告げるのだった。哲也はドラマでセリフのある役を演じるなど前進していたが、またしても叶わぬ恋になってしまった。王子との恋にピリオドを打ったあや、そして彼女とあやふやな関係を続けるわけにはいかないと、王子も卒業を決意。お別れパーティーは卒業メンバーも参加する豪華な会になった。今回も片思いの相手とうまくいかない哲也はがっかりするが、今は俳優の夢に集中する時期だと思い直す。美和子とも、いい友人としてこれからの日々を共にしようと誓い合うのだった。

聖南＆正人、大樹＆華の関係に新たな展開が加わった。
一方、現役大学生のあやが入居し、王子に急接近! 哲也は聖南の後に入った美和子に一目惚れ。
しかし美和子の気持ちは？―― 6人6様の2013年、春から夏にかけての恋物語。

初めて本音を言われた気がする。隠している感じだったし、そこに寂しさを感じてた。そういう風に向き合ってくれて俺は嬉しいよ　(大樹)

#33
"FORBIDDEN LOVE"

みんなでキャンプに出かけた夜、華は大樹に付き合いを解消したいと告げた。それまで心がすれ違っている寂しさを感じていた大樹だっただけに、華からの正直な言葉を受けて、初めて本当に気持ちを聞けて良かったと答える。この後、女子3人の場でも、自分は恋愛と仕事を両立させるのが困難なタイプで、大樹への気持ちが薄れたと告白していた華。波瀾万丈あって結ばれるもはかなく終わってしまった恋を、前向きに受け入れた大樹の言葉は、かっこいい!

喋らなかったらどうも思わない。
喋ったからいいと思った。
そのままでいい
(あや)

#31
"ONE-SIDED LOVE"

聖南が卒業し、まだ失意の中にいる王子と鎌倉デートへと出かけたあや。実は女子メンバー以外と出かけるのは初めてという彼女に「俺で良かった?」と言う王子。「じゃなきゃ誘わない」とストレートに好意を表すあや。ほのぼのした時間が続く中で「しゃべらないほうがかっこいいと言われる……」と、自分の見え方を気にしている王子にあやがはっきりと伝えてくれた言葉。もしも誰かにこんな言葉を言ってもらえたら、元気が出そう!

サーフィンと聖南って、どっちが大切?
(聖南)

#29
"SUDDEN GOODBYE"

アメリカへサーフィン修行に行った正人。その間、聖南への連絡はほとんどなかった。いきなりの正人の帰国。そして2人っきりの海岸デートでお互いの気持ちを確かめ合う中で、聖南が正人の本音を聞いた、テラスハウスファンならば誰もが知っているこの名言。正人がサーフィンを選ぶと知った聖南は「海外に行こうと思っている」「プライベートと仕事は別。両立できたらもっと強くなれるだろうね」と、切なさを隠しきれなかった。切ないトレンディーシーン!

やりたいことがあるなら、
もっともっと
とことん追い詰めろって感じ
(華)

#38 "THE DECISION OF A 19 YEAR OLD"

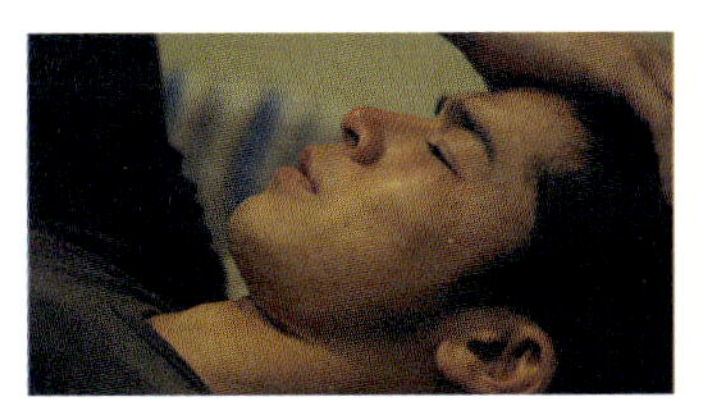

哲也が出演したドラマを見て、華が発したこの言葉。華たちのような演技に詳しくない者から見ても、共演した有名俳優と、哲也との演技の格差は歴然だったと厳しく指摘する。そして哲也自身もそのことを強く自覚していた。美和子との恋に悩んでいた自分だが、俳優の世界に携わらせてもらえるようになって感じたのは、想像を超えた努力を必要とする世界だということだった。ブラザーの華の言葉は、恋と仕事に中途半端だった哲也を奮い立たせる。

できるならば好きになりたくないの。
……気になるの
(美和子)

#34
"SUGAR & SPICE"

哲也からアプローチをされつつも、大樹への気持ちを自覚してしまった美和子。事務所の先輩と食事中に気になる人はいるのかと聞かれて本心を答えてしまった。大樹が華と付き合っている時は何とも思わなかったが、ふたりが別れてから大樹と話す機会が増えたこと。一緒にいると楽しいと感じること、そしてそれは、哲也への気持ちとは別であること。そして同居中の華ともギクシャクしたくない、好きになってはいけないという切ない気持ちが凝縮された切ない発言!

男は優しいだけじゃダメなんだよ。てっちゃんは優しいだけじゃん。それはいいことなんだけど、もうちょっと、シュガーアンドスパイスだよ　(桃子)

#34
"SUGAR & SPICE"

卒業生の桃子が「てっちゃんが次に好きな人ができた時に、教えてあげようと思っていたことがあるんだけど」と伝えてくれたのが、このアドバイス。美和子との恋に悩む哲也は「"スパイス"ってどうやるの?」と焦る。桃子は、哲也は友達には力強い言葉もかけられる人だから、その強引さを好きな人にも出していい、女の子は心のどこかで、男子に強くリードされてドキッとしたいのだからと語る。女心を知り抜いた桃子のこの発言は、的を得ている!

Season 4

(#39~50 / 2013年7月12日~2013年9月27日)

武智ミドリ
(20)
フリーター。洋介とデートするも「つまらなかった」。彼氏と破局の危機を迎えていたが、テラスハウスでの経験を通じて、彼が自分の安心できる居場所だと再確認して卒業する

宮城大樹
(23)
卒業を決めた矢先に病気が発覚。テラスハウスにとどまることに。みーこには恋愛感情はないけど「そばに居て欲しい」と

×
フラれる

筧美和子
(19)
迷った末、大樹に告白するもフラれてしまう

デートをする

今井洋介
(28)
写真家。ミュージシャン。イケメンで高学歴と非の打ち所がない男子かと思いきや、恋愛ベタ。バツイチで子どもがいる。卒業生の華にも告白するがフラれる

今井華
(卒業)

告白する
×

デートをする

住岡梨奈
(23)
ミュージシャン。洋介に惹かれるものの、彼の過去や恋愛観、言動を知り、ショックを受ける

菅谷哲也
(19→20)
成人になる。今シーズンは恋はお休み

季節は夏へ。新しいメンバーが続々と入ってきた。ミュージシャンの住岡梨奈、ネイティブアメリカンとのハーフで彼氏持ちのフリーター・武智ミドリ、写真家の今井洋介。イケメンで気さくな洋介に、ミドリは興味を惹かれる。梨奈も楽しそうだ。アーティストとしての個性を求められて悩み、自分の殻を破るためにテラスハウスへやってきた梨奈に、洋介の言葉は温かく響く。メンバーたちとすぐに打ち解けて完璧に見える洋介だけに「恋愛は苦手でテラスハウスに学びに来た」と言われても信じられない。

美和子は大樹への気持ちを、言葉に出せずにいた。しかし次の試合が終わったらテラスハウスを卒業しようと大樹が考えていると知り、告白の決意を固める。だが大樹の運命は不穏な方向へ。試合前の健康診断で、脳内に影が見つかったのだ。不安を抱えながらも試合は勝利に終わる。オーディション合格後に試合会場へ駆けつけ、大樹へ思いを伝える美和子。しかしその答えは「みーこは、みーこかな……」。そしてふたりは一緒にテラスハウスへと帰る。

大樹の不安は最悪の現実へと変わった。医師から告げられた病名は「くも膜のう胞」。これ以上頭に衝撃を与えてはいけない。絶望のどん底へと突き落とされる大樹。ジムの会長にも「試合を組むことはできない」と宣告される。覚悟を決めた彼はテラスハウスで引退の決意を告白。そして「やりたいことが見つかるまでこの家にいさせてほしい」と涙ながらに語る。大樹を襲った現実に衝撃を受けながらも、メンバーたちは彼を支えていくことを誓い合う。

哲也は20歳になった。大樹の状態が気になるが、ふたりで飲みに行き、卒業生のあやに会うなどの日常を通じ、今までどおりに接していこうと考える。ミドリは洋介に惹かれていたが、デートの後で「クソつまらなかった!」と一刀両断。本音が見えないと語る。「みんなに言ってなかったんだけどさ」。洋介が男子部屋で語りだしたのは意外な真実だった。実は国際結婚・離婚を経験し、娘もいるという。そして恋愛に臆病になっている自分を改めて次の恋へ進みたい。その相手とは卒業生の今井華――。驚く大樹と哲也だったが、華の連絡先を教える。華とのデートにこぎつけた洋介は彼女に告白するが、あっさりフラれる。

一方で洋介は梨奈のことも気になっていた。ふたりは鎌倉へ行く。しかしデートの終わり際に洋介の過去と、華に気持ちがあったことを知り、梨奈はショックを受けてしまう。完璧に見えた洋介だったが、不器用さが明らかになっていく――。

大樹は次の目標を保育士に定めて勉強を始めていた。美和子も側で応援している。ミドリも夢だったアパレルの仕事に向けて動き出していた。そんな中で洋介の言動が表面化する。ブログの誹謗中傷にまともに反論してしまい、メンバー達の忠告にも「言いたいことも言えない人生なんて嫌だ」と反論。浮いてしまう。仲直りはしたものの「テラスハウスを出て行こうと思う」と洋介。しかし大樹の意見は違った。今の卒業は逃げにしか見えない。実は大樹は、自分を応援してくれるありがたさを感じて、美和子の卒業も引き留めていた。そして洋介も今の状態で卒業するべきではない。全員が安心できる場所=テラスハウスであって欲しい、というのが大樹の願いだった。洋介は大樹始め、メンバーたちの思いを聞き入れる。

ミドリの誕生日パーティー。彼女は卒業を宣言した。テラスハウスでの生活を通じて、改めて彼氏の大切さが分かったという。パーティに招かれていた彼氏と共に、ミドリはテラスハウスをあとにした。

そして夏の終わりと共に新しい家へ引っ越す話が持ち上がった。それぞれが次の生活へと進んでいくのだった。

洋介、梨奈、ミドリの3人が新たに入居。哲也はテラスハウスで20歳になり、
大樹は人生の岐路に立たされる。そして完璧に見えた洋介との意外な展開を通して、
テラスハウスメンバーの関係はぎゅっと深まっていく。

付き合うよ。
どこまででも付き合うよ
（羅王丸）

#44
"BYE-BYE CHAMPION"

病気が分かり、ジムの会長からもはっきりと引退を言い渡されてしまった大樹。先輩の羅王丸にもすべてを打ち明けて、彼も激しくショックを受ける。折しもその夜、テラスハウスでは哲也の20歳の誕生日パーティーが行われていた。おめでたい席に、落ち込んだ顔と気持ちでは、とても帰れないと言う大樹。今晩は自分につきあって欲しいとお願いする彼に羅王丸がかけたこの言葉。誰もが涙してしまう、男の友情を感じさせてくれる。

簡潔に言うと、好きってこと
（美和子）
みーこは、みーこかな……。一緒に
（テラスハウスに帰ってくれる?
（大樹）

#43
"TWISTED FATE"

大樹の試合が終わった後、公園でふたりきりになる美和子と大樹。美和子は試合前は気持ちを乱れさせたくなかったからと、ひと息ついたその夜に、大樹への気持ちを告白した。しかし大樹からの返事はNO。結果は分かっていたけれども、と少しだけ寂しそうな表情を見せながらも、思いを吐き出せてスッキリした美和子だった。そして大樹も美和子に感謝する。テラスハウスファンの中でも「好きなシーン」に必ず挙がるのが、このふたりの爽やかな告白の場面!

分かんないけど、うめーな
（洋介）

#40
"HE IS MR.PERFECT"

ギターを10年、カメラを20年やっているという洋介を尊敬するミドリ。自分には続けていることが何もないと語るミドリのことを「ミーも人生20年やってるじゃん。いいキャラしてるじゃん」と褒める洋介。喜んだミドリがワインを飲もうと声をかけると、彼女の気持ちに答え、さらに大人の余裕で返したこの表現。ルックス良し、才能アリ、気の利いたことも言えると、洋介のパーフェクトぶりが全開になっていた場面。

自分がいいと思うことをやればいいけど、周りに人がいますよということだけ頭に入れておけば大丈夫じゃないかな　（梨奈）

#49
"STAY BY MY SIDE"

不器用な恋愛観、そしてブログでの炎上問題を通じてテラスハウス内でギクシャクしてしまった洋介。梨奈とふたりっきりの場面で、今の自分の気まずさを伝え、さらに個展が近づいているので、メンバーたちと関わりたくない気持ちもあると本音を打ち明ける。その言葉を受けた梨奈は「大樹君は、試合前の減量中も普通にしゃべってくれたよ」と例を挙げつつ、この返しを。厳しいながらも、洋介との共同生活に向き合う気持ちが伝わる言葉。

ぶっちゃけ俺なんて大樹くんのモテる理由があんまり分かんない。リングぐらい。ギャグも面白くないじゃん！洋さんだって身長と顔と、普通のことゆっくりそれっぽく言うだけじゃん～！　（哲也）

#48
"GOING UP IN FLAMES"

哲也、洋介、大樹の3人の男子会で、洋介の恋の悩みを聞く場面。テラスハウスに入ってきてからというものの恋愛がらみの話題が絶えないふたりに、哲也がうらやましがって「ふたりはいいよね～」と、おふざけのツッコミを入れたのがこの言葉。大樹と洋介は苦笑いし、哲也に「おーい!　ダメでしょ～」とツッコミ返しを。TVシリーズの中でも、最終的に3人の仲の良さは印象的だった。その3人が少しだけ遠慮せずに、いじり合える仲になれた場面。

俺ずっと小学校のときから格闘技しかやってこなかったのね。だからほかに何を頑張っていいかわからない。この家出るって言ったじゃん。甘えなんだけどさ、やりたいこと見つけるまで、ここにいていいかな　（大樹）

#44
"BYE-BYE CHAMPION"

テラスハウスのメンバーにも自分の病気を告白した時に、大樹が伝えたのがこの言葉。前夜、落ち込んでいて哲也の誕生日パーティーをドタキャンしてしまったことを詫びつつ、自分の再スタートのためにテラスハウスのみんなの力を借りたいとお願いをする。TVシリーズの中でも、最も予想のつかない展開となってしまい、事実を知った全てのメンバーが衝撃を受けてしまったこのセリフ。それでも前向きな大樹の言動が涙を誘う。

Season 5

(#51~62 / 2013年10月14日~2013年12月23日)※

菅谷哲也
(20)
真絵に一目惚れをする

宮城大樹
(23)
俳優という新たな目標を見つけて卒業。みーことは良き友人関係に

今井洋介
(28→29)
梨奈に告白するも、フラれる

告白するがフラれる ×

♡ サーフィンやピクニックに誘う

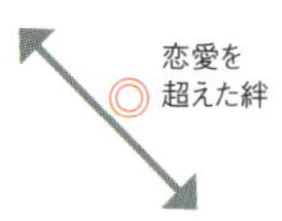

♡ 歌に込めて告白するがフラれる

永谷真絵
(22→23)
ミュージシャン。愛称まいまい。哲也が好きと発言するも、あることがきっかけで恋心が冷めてしまう

筧美和子
(19)
大樹への恋は実らなかったものの、心の整理もつき、無事卒業

住岡梨奈
(23)
洋介からの告白を断ってしまう。「テラスハウスのりなてぃ」とミュージシャンの自分とのギャップに戸惑いを感じる

　引っ越したばかりのテラスハウスに、新メンバーが入ってきた。永谷真絵。chayという名でミュージシャンをしている真絵は、彼氏いない歴1年であること、デビューしたものの鳴かず飛ばずで、崖っぷち状態を挽回したくてテラスハウスへやってきたと告白する。真絵は音楽と違う部分に注目が集まってしまい、悔しい思いをしていると涙ながらに語った。清楚な彼女に哲也はまたも心を奪われる。同じ頃、女子部屋で真絵も「哲也がいい」と語るのだった。

　さっそく、サーフィンデートへ出かける哲也と真絵。しかしデート後、真絵の哲也への反応は意外なものだった。真絵は、哲也が女の子慣れしているように見えた。思っていた印象と違った……と梨奈に告げる。哲也はメンバーに励まされて、真絵を再びデートへ誘おうと機会を狙うが、洋介と親しげに話す姿を見て、取り残された気持ちになる。

　美和子は仕事が軌道に乗り始めた。オーディションで勝ち抜き『めざましテレビ』のココ調リポーターの座を手に入れたのだ。保育士修行中の大樹に「もう少し自信がついたらテラスハウスを卒業しようと思ってる」と打ち明ける。

　哲也と真絵は2回目のデートに出かけた。哲也の仕掛けたサプライズに大喜びする真絵。ある朝、真絵は哲也に大好物のカツカレーを作る。しかし哲也の反応は真絵の期待通りのテンションではなかった。さらに真絵と洋介の誕生パーティの日。男子メンバーが盛り上がり、美和子におちゃらけた態度をとる。もちろん哲也も。その姿を見て、お嬢様育ちの真絵の心は冷めてしまう。真絵の心変わりを知り、美和子は疑問を持つ。本当に哲也が好きなのか？　テレビで目立つためにキャラ作りをしているだけなのではないかと——。

　梨奈にぞっこんの洋介は遊園地デートへ誘う。しかし梨奈は戸惑っていた。「遊園地〝だけ〟楽しんでくる」。女子部屋の前で梨奈の本音を聞いた洋介は、不安な気持ちを哲也に打ち明ける。そして大樹にも、梨奈への告白の決意を打ち明けた。同時に真絵に対する不信感も。美和子も感じていたように、洋介は真絵を、純粋な哲也を利用する賢い女の子ではないのかと思い始めていたのだった。

　洋介は梨奈に本心を尋ね、遊園地デートを取りやめる。その代わりにギターで曲をプレゼントし、「世界一大事にするからつきあって欲しい」と告白をした。しかし答えは「触れたいと思うことが握手以上にない」。洋介は失恋を受け入れる。

　真絵の真意を巡ってテラスハウス内に不協和音が鳴り響いていた。哲也からもらったまま、放ったらかしの花束に「あれはドライフラワーですか？」と不器用な言葉を投げかける梨奈。美和子が、真絵に本心が見えないと告げる。家族会議が開かれた。厳しい意見が飛び交う中、真絵は、言動にウソはないが、人目を気にして自分を取り繕い過ぎていたこと、メンバーに心を開けていなかったことを認めて反省する。会議の後、哲也と真絵はふたりきりになるが、真絵は心が冷めたことを伝えるのだった。

　クリスマスも間近になり、大樹は決意を固めた。それは芸能界入りとテラスハウスの卒業。キックボクサーの辛い引退を支えてくれた今のメンバーに見送ってもらいたい。大樹の涙ながらの告白に哲也と洋介はうなずく。そして美和子にも。「ずっと応援しています」。美和子は笑顔で答えた。卒業前夜、クリスマスパーティーの後、美和子にずっと側にいて自分に力をくれたお礼を伝える大樹。美和子も感謝を伝える。ふたりの間には恋愛を超えた絆が生まれていた。翌日、大樹が残した手紙に男子ふたりは号泣する。そして大樹が去ったのを見届けて、美和子も7ヵ月のテラスハウス生活と素敵な恋に別れを告げたのだった。

※ ただし#62は特別編

テラスハウスは新しい場所へお引っ越し。新メンバーの真絵と哲也の間に恋愛モードが生まれ始める。
一方で真絵の態度を巡り、異例となる「家族会議」が！
大樹＆美和子の卒業、洋介＆梨奈の関係も切ない、2度目のクリスマスシーズン。

あれは、ドライフラワーになっているのでしょうか？
（梨奈）

#57
"IS IT A "DRY FLOWER"?"

夜中に女子部屋でくつろいでいる時に、意を決したように真絵へ尋ねる梨奈。女子部屋の中には哲也からもらったまま、水を変えずに放置された花束が。梨奈からの問いかけに真絵は「枯れてしまった」と答え、そのまま悪びれずギターの練習を続ける。女子同士の微妙な空気を感じさせる表現。そしてこの言葉を受けて、美和子は真絵をシアタールームへ連れ出す。Season5は、梨奈のドキッとする名文句(?)が多いシーズンだった！

触れたいと思うことが
握手以上にない
（梨奈）

#57
"IS IT A "DRY FLOWER"?"

ギターの曲と共に梨奈に告白した洋介。「一緒に暮らしている人として大切に思っている。今も変わらず。でも私は洋さんとお付き合いできない。気持ちがない」というセリフに続いて彼女の口から出たこの言葉。感情を表に出すことの少ない梨奈の、あまりにきっぱりとした断り方に、衝撃を受ける洋介。洋介の歌声を聞いて何事かと男子部屋に戻ってきた大樹と哲也にフラれたことを告げる洋介。「俺を抱きしめてくれ〜！」と、ふたりに慰めてもらうのだった。

それじゃあさ、梨奈と同じ時間に生きられないじゃん、一緒にいる人は。聞くよ、なんでも （洋介）

#53
"JEALOUSY"

最近何か悩み事があるのではないかと洋介に聞かれて、梨奈は、自分は悩み事があっても人に話すよりもひとりで解決したいタイプなのだと語る。その時に洋介が言ったのがこの言葉。すると梨奈は共同生活を始めてから、思ったことを言葉にする難しさを感じるようになったことと、そして最近、なぜだかテラスハウスのみんなを遠く感じると語った。洋介は「いるからここに」と梨奈の気持ちを受け止めた。その言葉を聞き、梨奈も笑顔になる。

すっごい大好きだったけど、今は大切な人だから。だからずっと応援してる （美和子）
お前、どんだけ優しいんだよ！（大樹）

#61 "I WILL BE IN FRIENDS ALL THE TIME"

大樹の卒業を控えたクリスマスパーティー。リビングにふたりだけになった大樹と美和子。「みーこがいると安心した」と、これまで一緒に生活してくれたことを感謝する大樹。美和子は涙ぐみながら、テラスハウスに入ってから今日までの、そしてこれからの大樹への思いを伝える。美和子の言葉に感動し、思わずもらい泣きしてしまう大樹。今シーズンのクライマックスにして、テラスハウス全シリーズの中でも最も感動するという意見の多い名シーン＆名文句！

まいまいからの返答は先に言われちゃったけど、ここで面と向かって伝えたかった。言わせて……。好き
（哲也）

#58 "FIRST CONFESSION OF LOVE"

家族会議の直後、自分をさらけ出すことの大事さに気づけたからと、哲也に向かって恋愛感情が冷めてしまった本心を告白した真絵。哲也も、フラれていると分かりつつも素直に好きな気持ちは真絵に伝える。テラスハウスの放映が始まって約1年が経ち、ついに哲也にも本格的な恋愛の到来か？　どちらが悪いわけではなく、ただタイミングが微妙にずれてしまった恋に泣ける！　このシーズンも哲也の恋にはひとまずピリオドが！

まいまいから発せられる言葉とか
行動とかって響くものがない
（洋介）

#57
"IS IT A "DRY FLOWER"?"

美和子をはじめ、他のメンバーからの疑惑の気持ちを受けて開かれた「家族会議」。洋介からも「一緒に住みにくい」「言動がウソ臭い」と言われてしまった真絵。なぜか昔から人にそう言われることが多く、テラスハウスでも自分を偽っているわけではない、自分をさらけ出していきたいと弁明する。「さらけ出すだけではなくて、(他人を)受け入れることもしてほしい」と梨奈にも諭され、真絵は自分がどう見られるかを気にし過ぎていたことを認めて反省する。

Season 6

（#63~74 / 2014年1月13日~2014年3月31日）

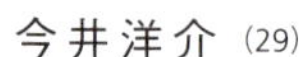

菅谷哲也（20）
番組が始まってから初めて告白される。しかし「まいまいとは世界が違う」と断る

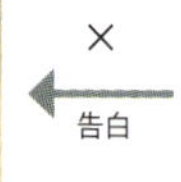

永谷真絵（23）
親からの圧力もあり急遽卒業。去り間際に、哲也に告白

今井洋介（29）
友人で仕事仲間のミュージシャン、jyA-meといい仲に。しかし華が自分に気があると知ると、ふたりの間で揺れる。自分勝手な行動で華に惹かれ、結局どちらの恋も失う。「他人の気持ちを考える」ことを知り、テラスハウスを卒業

jyA-me（ヤミー）

今井華（卒業）
洋介に一瞬惹かれていたが、jyA-meとの二股を知り、洋介をきっぱりと拒絶する

良き友人関係に

住岡梨奈（23）
テラスハウスでの経験を歌にし、洋介にも感謝して卒業

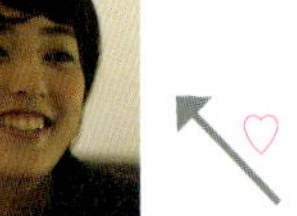

小貫智恵（23）
成城大学4年生。就職が内定し、学生最後の3ヵ月で青春がしたいと入居。お酒が好きで豪快な性格。一平に好意を抱かれるも、きっぱりと断る

島一平（29）
コンビ「地球」を組むお笑い芸人。智恵にアプローチするがかわされる。その後、哲也にアタックする真絵の姿に心が動く

島袋聖南（26）
まさかの「出戻り」。モデルの仕事も辞め、テラスハウスでイチからやり直すことに。正人から告白されて困惑する

×
告白

湯川正人（卒業）
一度はフった聖南に「好きだ」と逆告白

2014年を迎えたテラスハウスに入ってきたのは、卒業と就職を控えた大学4年生の小貫智恵と、お笑い芸人「地球」の島一平。智恵の瑞々しさにときめく男子メンバーたち。中でも一平は、同期を活かして積極的にアプローチをする。芸人として売れたい気持ちで入居した一方、人懐こくて恋愛体質でもあるのだった。

真絵は家族会議の後に哲也から精神的なフォローを入れてもらえたことで、気持ちが再び盛り上がりつつあった。今度は自分から哲也をご飯に誘う。そんな哲也の姿が洋介はうらやましい。

ある日リビングでメンバーがくつろいでいると、梨奈がギターを持ってやってきた。感謝とお別れを伝える歌を披露すると「とても急だけど、明日の朝、出発します」。テラスハウスのりなてぃとミュージシャン住岡梨奈のギャップに戸惑った時期もあった梨奈だったが、テラスハウスの生活を通じて、アーティストとしての自我を確立できたのだ。洋介にも感謝を伝える。洋介は「フラれたことよりも出会えたことの方が嬉しい」と、梨奈の卒業を祝福した。

梨奈と入れ替わりにやってきたのは、なんと聖南だった。モデルも所属事務所もやめ、テラスハウスで生活しながら今後を考えたいという。そんな聖南をメンバーたちは温かく迎え入れる。聖南は哲也のバイト先のオーナーの口利きで、飲食店（JAMMiN'）のアルバイトを始めた。

洋介にまた恋の季節が巡っていた。相手は友人で仕事仲間のミュージシャン・jyA-me（ヤミー）。しかし卒業メンバー宮城大樹の引退式後に集まった会で、今井華から「好みのタイプ」と言われ、気持ちがぐらついてしまう。

真絵は哲也を食事に誘った。バレンタインデーには特別大きなガトーショコラを作って渡したりと、乙女心を見せていた。そんな真絵を応援する聖南。しかし彼女にも思いがけない展開が。かつての片思いの相手だった湯川正人がバイト先に突然現れ、聖南に告白をしたのだ。動揺する聖南。

一方、一平の仕事と恋は難航していた。オーディションの反応も芳しくなく、年下で学生の智恵にも「芸人としての焦りを感じない」と手厳しい指摘をされてしまうが、ライブで頑張りを見せる。終演後、ふたりだけで夕食を食べに行き、その場で好意をほのめかす一平。しかしうまくかわされてしまう。智恵は一平に異性を感じられなかった。一息ついた一平は、次第に、哲也へ片思いをする真絵を愛おしいと思い始める。

洋介はいい仲になっていたヤミーに、華が好きだと伝えてしまう。「全部ウソってこと？」涙にくれる彼女に「そうだね」と洋介。誠意を見せたつもりだったが、自分がラクになっただけと真絵や智恵は厳しく指摘する。そして事の経緯を知った華も交際は「ないなと思った」こと、傷ついた人を思いやる気持ちを持ってほしいと批判する。成長するにはひとりで考えなくては——。洋介は卒業を決意した。

メンバーたちは智恵の卒業記念に温泉旅行へ出かけた。食事のあと、卓球場でふたりきりになる一平と智恵。智恵はみんなと心を開いて付き合えたのは、同期の一平の優しさがあったからだと感謝する。一平もまだ芸人としての課題は山積みだが、智恵からの言葉は力になったとお礼を言う。智恵、洋介と卒業が続く中、家庭の事情により真絵にも旅立ちの時間が迫っていた。やり残しているのは哲也との恋。「海が見たい」。送ってくれた哲也にお願いをする真絵。「ずっとてっちゃんのことが好きでした」。哲也は真絵の告白に感謝するが、育ちや価値観の違いから先のことを考えられなかった、と正直に伝える。実らなかったけど悔いはない——。真絵は清々しい気持ちでテラスハウスを卒業した。

2014年、年明けと共に大学生の智恵と芸人の一平が入居。
梨奈が卒業し、まさかの聖南の「出戻り」参加が！　正人と恋のトレンディー劇場を再び繰り広げる。
先シーズンから続いていた真絵と哲也の関係も、真絵の告白でピリオドに。

今すぐ付き合ってとか言わない。
だから俺のことを好きにさせる
チャンスをちょうだい
（正人）

#71 "AT A CRITICAL MOMENT IN ONE'S LIFE"

テラスハウスへ戻った聖南の前に、久しぶりに正人が現れて、突然の告白をした。あまりに急過ぎる展開に聖南は戸惑い、正人を残して立ち去ってしまう。この言葉は後日、聖南の元へやってきた正人が、もう一度自分の気持ちを説明したもの。聖南からすれば、フラれた心の整理をつけたのに今さらなぜ？　という怒りが……。一度終わった恋に再びはあるのか!?と考えさせられてしまう、聖南&正人の「トレンディー劇場」の名場面。

何をしたいのか
自分を見つめ直したくて、
また戻ってきちゃいました
（聖南）

#66 "IT'S MY LIFE"

海外で活躍したいと言ってテラスハウスを卒業した聖南の、突然の出戻り状態。「（聖南が卒業する時に）すげえ泣いたもん、俺」と哲也に当時のことを思い出されながらも、聖南が語り出したのは、モデルを辞めて、将来の自分をこの場所で見つけたいという理由だった。「見つかるまでゆっくりいればいいよ」という洋介の温かい言葉をはじめ、メンバーたちも「よろしくお願いします！」と聖南を迎え入れる。テラスハウスのあったかさが伝わってくる一幕！

フラれて悲しかったことよりも、
出会えたことのほうが嬉しい
（洋介）

#65 "COMING BACK"

卒業する前の梨奈に会いに、女子部屋へやってきた洋介。告白を断ったあと少し気まずくなってはいたが、それでも洋介のことは「大事な人」だと伝える梨奈。洋介も「分かってるよ」と梨奈の思いを受け止めた。そしてこの言葉を返す。洋介の優しさを知り、波瀾万丈だったふたりの関係、そしてキツい言葉で洋介を傷つけてしまったことを梨奈は謝る。「私も会えて良かったと思っている」と、梨奈から洋介にハグを求めて、ふたりの関係は完結したのだった。

たぶんてっちゃんも
気付いてると思うんだけど、
ずっとてっちゃんのことが好きでした
（真絵）

#74 "OVERFROWING DIFFERENCE"

家庭の事情から真絵も卒業することに。哲也はテラスハウスを出て行く彼女を駅まで送り、その途中に、ふたりは海辺へ。そこで真絵はずっと言えなかった哲也への思いを告白する。一度は冷めてしまった気持ちだが、家族会議を経たあと、生活を共にしていく中で、真絵の哲也への気持ちは復活し、思いを募らせていた。しかし答えはNO。最初は哲也が真絵を好きだったのに……恋愛の不思議さについて考えてしまう言葉。

帰ってきて誰かがいたり、誰かにお
帰りって言ったり、なんかそういうの
がすごくね、すごく幸せだった（智恵）

#73 "I DON'T WANNA LEAVE"

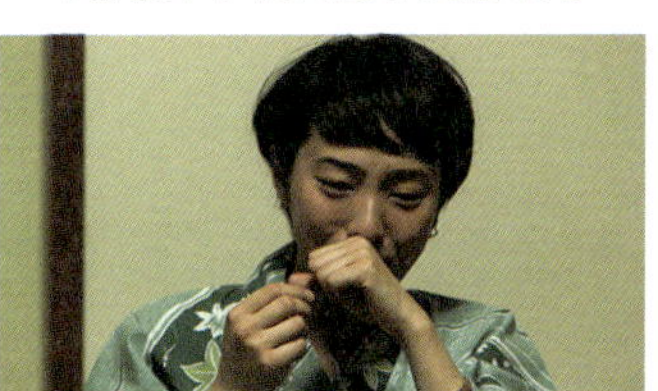

智恵の卒業が決まり、記念にとみんなで出かけた温泉旅行。一平と卓球場で語り合った後、部屋に戻ってきた智恵にメンバーから、色紙と腕時計のサプライズプレゼントが。社会人になる彼女に使ってほしいとの思いが込められたプレゼントだった。胸がいっぱいになり、短かったけれども充実していた3ヵ月間の思いと仲間への感謝を口にした。テラスハウスの本質を言い当てたようなこの言葉。メンバーたちも共に目を潤ませたのだった。

バイブスで生きることは素敵だし人
間味あるし魅力的だけど、洋さん自
身がバイブスにいきすぎちゃうことに
よって少なからず傷つく人が絶対に
生まれちゃうじゃん　（華）

#72 "TRY TWO AT ONCE, GET NONE"

ミュージシャンのヤミーと華のふたりの間で心が揺れていた洋介。本命を華に定めてデートに出かけたところ、事情を知った華から、逆にこのセリフを言われて拒絶されてしまう。"バイブス"は華の代名詞的なセリフだけれども、このシーンでの使い方は厳しく胸に刺さる！　しかし本音のアドバイスをしてくれた華によって、洋介は一人前の恋愛が出来ていない自分の未熟さを思い知らされ、今後の生き方について考えるのだった。

Season 7

（#75~87 / 2014年4月14日~2014年7月14日）

菅谷哲也
(20)

今シーズンは恋はお休み。初めての大きな舞台出演を経験し、俳優としてのキャリアを積む

島一平
(29)

「地球」の存続をかけたライブが成功。相方との関係も順調に戻りお笑いの道を極めるために卒業する

平澤遼子 (24)

レコード会社社員。賢也を好きになり、順調に距離を縮めていくも、次第に自分と賢也、お互いの恋と仕事との両立に悩むように

いい雰囲気

保田賢也 (25)

水球日本代表。愛称けんけん。彼女がほしくて入居。遼子からアプローチを受け、ふたりきりのご飯やデートを重ねて心を開くように。しかし水球の試合で負けてしまい、告白をするつもりが逆の展開に……

カップル

フランセス スィーヒ
(25)

画家。これまでアーティストとして自立するのに精一杯で友達がいなかった。一平とは男女を超えた友情を結んだ。テラスハウスで友情と生活、そして恋人の大切さを知り、卒業

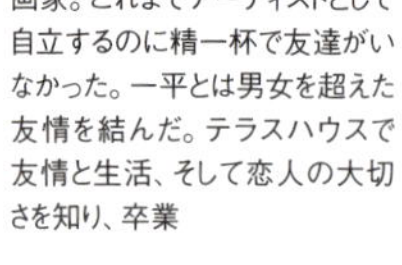

アンドリュー
(フランキーの彼)

島袋聖南
(26→27)

引き続き正人からの告白&アプローチを受けて気持ちが揺らいでいたが、ある出来事により正人への気持ちに限界を感じてしまう。結局ふたりは恋人ではなく友達になる

湯川正人
(卒業)

テラスハウスに2度目の春がやってきた。新メンバーはレコード会社に勤める遼子と水球日本代表の賢也、画家で日本人とアメリカ人のハーフ、〝フランキー〟ことフランセス スィーヒ。遼子とフランキーは共に「友達がほしくてテラスハウスに入った」と語る。特にフランキーは彼氏はいるが、芸術家として自立するのに精一杯で友達作りを避けてきたのだった。

アスリートが好みの聖南は賢也に惹かれるが、恋の展開は遼子と賢也で進んでいく。水球を広めるためと、恋愛がしたくてテラスハウスへ入居してきた賢也。遼子は賢也が合宿先で使えるように枕用のアロマスプレーをプレゼントする。嬉しそうに受け取った賢也だったが、うっかり持っていくのを忘れてしまう。しかし遼子は始まったばかりの恋にときめくのだった。

聖南と正人の関係はつかず離れずを繰り返していた。今年もテラスハウスで行われた、聖南の誕生パーティー。正人も参加して花束と指輪のプレゼントを渡すが、聖南の気持ちは晴れない。さまざまな女性関係の噂を耳にしていた聖南は、正人へ不満をぶちまける。「あんたにとって聖南って何？」。後日、女子会でフランキーに気持ちを聞かれても、ふたりの結論が出せない聖南だった。

一平の相方、マグ万平が突然やってきた。男子部屋でふたりきりになると解散の意思を伝える。万平には一平が、ただテラスハウスに住んでいるだけとしか思えなかったのだ。確かに賢也が試合へ、遼子が会社に、そしてフランキーがイベントでライブペインティングをしたりとそれぞれが活躍の場を広げる中、一平は家でお菓子を食べるような日々だった。焦る一平。日を改めて、自分の態度を謝り、最後のチャンスで次の単独ライブを成功させようと申し出る。願いは聞き届けられたが、万平は一平が差し出した握手を拒否して店を出て行った。

賢也と遼子は順調だった。ゴルフ場でデートをし、お互いの気持ちを確認し合う。「次は聖南の番かな……」。遼子の話を聞いて笑顔を見せた聖南。しかしふたりの関係に暗雲が。正人が聖南をデートに誘ったが、その時に「ミニスカートを履いてこないで欲しい」と言ったのだ。自分の見え方だけを気にしているように感じた聖南は、正人への不信感を募らせた。そしてデートの日、聖南はミニスカートで現れ、こう言った。「前ほど惹かれるものがない……」。

哲也は飛躍の時を迎えていた。大きな舞台への出演が決まったのだ。一平も単独ライブへの気合が入る。そんな中、順調だったフランキーの交際にかげりが。仕事命の彼女に、彼氏のアンドリューが寂しさを訴えたのだ。寂しい気持ちは自分も同じと辛くなるフランキー。恋と仕事の両立は、遼子にも悩みのタネとなりつつあった。念願の部署へ配属されて本気で仕事を頑張りたい自分と賢也への思い、そして水球へ打ち込む賢也もまた、恋と勝負との両立に悩む――。遠征から帰ってきた賢也は遼子へ気持ちを伝えた。遼子に告白しようと思っていたこと、しかし試合に負けた今、優先順位は水球であること。応援して欲しい――。遼子はうなずいた。

哲也の舞台初日。一平と聖南、そして遅れて正人がやってきた。舞台終了後、聖南は正人に告げる。「友達でいてくれる？」と。正人は受け入れた。「これで良かったんだと思う」。

『地球』の存続をかけたライブは盛況に終わった。相方の万平との仲も良好になり、一平はテラスハウスを卒業する。誰よりも祝福したのがフランキーだった。自分を友達として受け入れてくれた一平。彼をはじめ、メンバーの温かい人柄に触れて、生活と仕事を両立する余裕が持てるようになったのだ。アンドリューへの思いも深まり、フランキーもまた、テラスハウスを後にした。

賢也と遼子、フランキーが入居し、テラスハウスにまたフレッシュな展開が。
そして聖南と正人の恋のトレンディー劇場は、ついに決着を迎えた！
一平の芸人としての正念場にやきもき＆フランキーとの友情にもほのぼの。

俺は遼ちゃんのこともっと知りたいけど　（賢也）
けんけんのこともっと知りたいのと、私のことももっと知ってもらいたいなって思ってる　（遼子）

#80 "I WANNA KNOW MORE ABOUT YOU"

遼子のリクエストでゴルフデートを楽しんだふたり。賢也が試合の遠征に出るのを前にして、遼子は寂しさを素直に表す。そんな遼子の態度に喜ぶ賢也。そして「自分が遠征でテラスハウスを離れてしまうと、他の人に遼子を取られてしまいそうで不安」と、遼子が自分のことをどう思っているのかたずねる。遼子も包み隠さず、賢也へ気持ちが動いていることを打ち明けた。両思い寸前のカップルのやり取りほど、ドキドキするものはない！

このチャンス逃したら終わりやって、
そこの部分が大きく
欠落しとるようにしか見えんけん
（マグ万平）

#79 "FACE A CRISIS"

一平の相方、マグ万平が突然テラスハウスを訪れ、一平に放ったこの言葉。テラスハウスは恋や友情だけではなく、将来の夢を追う場所でもある。そして一平のテラスハウス入居の目的は、相方のマグ万平と「地球」として有名になり、芸人としてステップアップすることだった。しかし、相方にその気持ちが見えないと言われ、解散を示唆された一平。マグ万平の言動にショックを受け、ここから一平の巻き返しが始まった！

巷の女と一緒にすんな。それだけ。
分かってんの？
（聖南）

#77 "TRENDY VENUS"

聖南の誕生日パーティーの夜、花束とプレゼントを持ってテラスハウスへやって来た正人に、聖南は厳しい態度で問いただす。「（聖南への）強い気持ちがなかったらここまでしない」と本気度をアピールする正人。しかし聖南は「あなたは誰のことを好きになってるの？」「どういう女？　こういう女よ」と毅然と言い重ねた後、この言葉を！　伝説的なトレンディー発言に、正人も「さすがです……」と気まずそうに黙りこむのだった。

君を好きになったのは、夢がない人じゃなくて、諦めずに頑張り続けている人だったからなんだ（アンドリュー）

#87 "SUN TANNED GIRL"

一平が卒業し、彼氏のアンドリューとデートをするフランキー。「今が"いいタイミング"」と、テラスハウスを卒業する決意を告白した。これまで友達かアート、どちらかだけという極端な考え方で生きていたフランキーが、テラスハウスでの生活を通じてどちらも楽しめる女の子になったと知り、ほっとするアンドリュー。そして、どうして自分がフランキーに惹かれたのかを告白。加えて「君は心優しい人」と、胸キュンの発言を！

一平ちゃんに出会えて
良かったよ私。
色々素直になれたと思う
（フランキー）

#87 "SUN TANNED GIRL"

一平が卒業する前夜、フランキーは「一平が寝るまで寝ないよ」と、ふたりで一緒にキッチンの後片付けをする。その中で一平はフランキーと彼・アンドリューとの仲について「ただ仕事だけをしてたらアンドリューも不安になるし、自分も寂しいよな」とアドバイス。そして共に暮らした仲間だからこそ感じた、フランキーの良さも伝えた。フランキーも、仕事や人間関係に強がりがちだった性格が、一平の人柄に触れて、大きく変われたことを感謝した。

自信ないなんて言えないでしょ。
何見てるんだろう、ってならない？
（哲也）

#85 "LAST TRENDY"

若い俳優たちの登竜門的な舞台を目前に控えて、緊張の中にも自信をみなぎらせる哲也。テラスハウスのメンバーたちにも公演を見にきてくれるようにお願いする。一平から「完璧といえるなんてすごい」と言われると、今の心境をこう語った。テラスハウスに入居してからの約2年、消防士志望から俳優志望へと進路を転換し、少しづつ一人前の俳優の自覚を持てるまでに成長。そんな姿を、遼子も「素晴らしい！」と拍手するのだった。

Season 8

（#88~98 / 2014年7月21日~2014年9月29日）

菅谷哲也
（20→21）

今シーズンは恋はお休み！ 孤立しがちな遼子に助け舟を出す頼もしい存在に

伊東大輝 （20）

大学生。ウィンドサーフィンをやっている。「年上の綺麗な人」がタイプ。美智子と聖南に惹かれたが、一緒に暮らすうちに聖南を好きになる。やがて両思いに

カップル成立！

島袋聖南
（27）

正人との恋が終わり、新メンバー・大輝の素直な性格に惹かれていく。大輝の告白をOKし、両思いに！

平澤遼子
（24）

賢也から女子のプライドを傷つけられてショックを受ける。三角関係からメンバーたちとも気まずくなるが、立ち直り、賢也と美智子を応援する

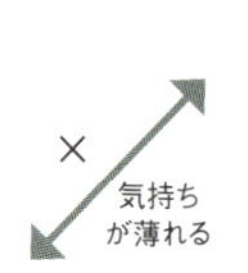

×

気持ちが薄れる

保田賢也 （25）

遼子への気持ちが薄れてしまい、新メンバーの美智子に惹かれていく。そして美智子と両思いに

カップル成立！

山中美智子
（28）

アパレル会社社長。賢也からの告白を受け入れる

水着デザイナーで社長の山中美智子がやってきた。華やかな年上美女にメンバーたちは盛り上がる。中でも賢也の嬉しそうな顔は誰の目にも明らかだ。戸惑った表情になる遼子。

哲也、賢也、美智子、聖南の4人でお好み焼きを食べていた夜、美智子は賢也に好きな人がいるのか質問をする。「今ちょっと分からない状況」と答えを濁す賢也。最近、遼子を好きな気持ちが薄れていること、以前、賢也の試合先に訪ねて来てくれた時も、心から喜べなかったこと。今の本音を遼子に語ろうと思うと打ち明ける。聖南は、賢也と遼子を応援してきただけに、賢也の突然の告白に皮肉な言葉をかけてしまう。

男子の新メンバーは伊藤大輝。ウィンドサーフィンをやっている大学生で、好みのタイプは「年上の綺麗な人」だと語る。

遼子が仙台出張から帰った夜、賢也は、彼女の気持ちに答えられない今の心境を伝えた。「なんで私が一方的に想っていると思われているのか」。怒りを露わにする遼子。聖南の取りなしで仲直りはしたものの、気まずい雰囲気が漂う。

男子会では大輝が美智子と聖南、ふたりの年上の美女に憧れていると語った。そして賢也は美智子狙いを告白する。彼女との恋なら仕事とも両立できる気がする――。賢也は美智子をランチに誘う。遼子との件があったゆえに戸惑う美智子だが、賢也と過ごした時間はつまらないものではなかった。

大輝は聖南と距離を縮めつつあった。彼のウィンドサーフィンを聖南が見に行きたいと言ってくれたのだ。その夜、美智子も交えて大輝は自分の将来について語った。ウィンドサーフィン関係で身を立てたいが現状では難しく、テラスハウスでさまざまな世界で生きる人達から話を聞き、進路を考えたいと。大輝を励ます美智子。大輝と美智子はテラスハウスの人間関係でいい刺激を受け始めていた。

一方で遼子は複雑だった。メンバーを避ける行動が増える。遼子に心を開いて欲しいと問いただす聖南と美智子。しかし哲也は指摘する。みんなが聖南や美智子のようにポジティヴではない。やり方や考え方を押しつけるのは遼子へ負担となるのではないか――。

花火大会をきっかけに2組のカップルが生まれつつあった。賢也と美智子、大輝と聖南だ。そして遼子は今の気持ちをメンバーたちの前で打ち明ける。賢也とのことで傷ついていたこと、自分と正反対の美智子にコンプレックスを感じていたこと、しかし今はふたりの恋を応援したいと思っていること。哲也は優しく「無理することないよ」と遼子の気持ちを受け止めたのだった。

テラスハウスの放送終了が決まった。それぞれの行方に思いを巡らせるメンバーたち。美智子と賢也は、賢也の遠征試合を機に気持ちを再確認。帰国後、賢也からの告白でふたりはカップルになる。遼子も祝福した。

そして聖南と大輝も。ワイン風呂のデート、大輝の怪我を経て、大輝からの告白を考えた末に受け入れた聖南。彼といると素直になれる自分に気付いたのだ。あっという間だったこの2年、テラスハウスを卒業する日を夢見ていた。しかし現実は甘くない。スケジュールはほぼ空白でこれからが真剣勝負だ。そしてテラスハウス最後の夜。遼子、賢也、美智子は卒業し、大輝も「哲也とふたりで出たい」という聖南を尊重して一足先に出て行った。2年間の思いを語り合うふたり。面白そうという気持ちでやってきた場所が、いつの間にかかけがえのない財産になっていた。翌朝――。聖南からのメッセージとアルバム、全メンバーからの寄せ書きの「お見送り」を見つけ、哲也は自分が最後のひとりになったことを知る。そしてドアを閉めたその瞬間、扉の向こう側には、新たな物語が待っていた――。

美智子の入居で、賢也の恋は予想外の方向へ。同じく新参加の大輝は、聖南と急接近♡
哲也は6人の共同生活をまとめられる、思いやりある大人へと成長。
恋と青春でいっぱいだったTVシリーズの、ラスト・シーズン！

これってさ、デート?
ジャストランチだよね?
(美智子)

#91
"NONE OF YOUR BUSINESS"

哲也と大輝の前で美智子への思いを口にした賢也は、さっそく美智子をご飯に誘う。戸惑いつつもOKした美智子。海の見えるレストランのテラス席でお昼を食べながら、遼子に遠慮がある美智子は、賢也にこの質問を。賢也は「今日はデートじゃないでしょ」と配慮を見せつつ、次は花火を一緒に見に行かないかと美智子を誘うのだった。美智子は快諾し、素敵なお店に連れて行ってくれたお礼を言う。好意はありつつも気持ちを探りあうトークのやり取り。ドキっとする。

むかつくよね
(遼子)

#89
"TRUE COLOR REVEALS"

仕事から帰ってきた遼子をプレイルームに呼び出した賢也。「自分の気持ちが遼子から離れてしまっている」ということを伝えたものの、遼子は「私も、もう終わってると思ってたし」との冷たい言葉を返す。プレイルームから逃げるように賢也が去った後、鬼のような形相でその背中を一瞥する遼子。女子部屋に戻り、賢也への憤りを吐き捨てるように口にする遼子に、聖南は「今までキャラ作ってたのって思うぐらい」と驚く。女のプライドが垣間見える一言!

けんけんの好きって、
軽いんだね
(聖南)

#88
"YOUR LOVE IS NOT REAL"

美智子が新メンバーとして参加した直後、遼子のいない席で、彼女への戸惑いを口にしてしまった賢也。その思いを聞いていた聖南が思わず口走ってしまったのがこの言葉。ミストレンディーの名を欲しいままにしている聖南だけれども、メンバーへの愛情深さには定評があり、中でも女子にはいつも気を配っている。そんな彼女ゆえに、この件でも憤りをドラマチックな言葉にしてしまった!賢也は「そう思われても仕方ないよね」と反省。

ここで2年間過ごして。いろんな人たちに出会わなかったら、どんな人になっていたんだろうと思う。いろんな人たちに出会えたことがこれからずっと自分の財産になるなと思う。(哲也)

#98
"BYE BYE TERRACE HOUSE"

テラスハウス卒業前夜、聖南と哲也のふたりが残った。聖南に冗談めかして「てつは初めての卒業だね」と言われて、「卒業っていうか、閉校まで留年したみたい」と、率直な感想を答えた哲也。そして2年間のテラスハウス生活を通じて感じた言葉を口にする。この後、聖南から「明日はてつをお見送りしたいから先に寝て」と言われて、男子部屋へと戻っていく哲也。テラスハウスのシンボルだった彼の言葉は、説得力を持って胸に響く。

大輝といると、すごく自分が自然体でいれる。素直でいれる。だから一緒にいたいなって。好きだなって思った(聖南)
キスしていい?(大輝)

#97
"LEADING ACTRESS"

大輝からの告白を「少し考えさせて欲しい」と保留状態にしていた聖南。そして再びふたりだけで出かけ、海の見える場所へ。聖南がバッグから取り出したのは、大輝が告白の言葉を託したワイン。聖南は「一緒に飲まない?」と声をかけて、ふたりは乾杯をした。自分の気持ちが受け入れられたのだと知り、喜びを隠せない大輝。その時に聖南が語った言葉がコレ。見事カップル成立後の、ふたりのキスシーンも、TVシリーズの伝説のひとつに!

6人で生活はするけれど、6人がどれだけうまく生活できるかを考えるのが大事だと思う。いろんな人がいるわけだから (哲也)

#91
"NONE OF YOUR BUSINESS"

孤立しつつある遼子に「心を開いて欲しい」と迫った聖南&美智子に、哲也が提案した言葉。明るい性格のふたりの考えを堂々と言うことは構わない、しかしまったく違う個性の遼子にふたりのやり方を強制しても、遼子のためになるのだろうか、という気持ちがこめられている。テラスハウスでの入居約2年の間に、様々な個性を持つメンバーとの間に起きた課題を乗り越えてきた哲也だからこそ言える、前向きな意見。彼の成長ぶりを感じられる名コメント!

PASSO

Chapter4

テラスハウス ドリームデートコース

『テラスハウス』に登場したお店やレストラン、名所を４つのデートコース仕立てで紹介。メンバー達の足跡を追いながら、まるで『テラスハウス』の世界へ入ったような気分になれる、そんなドライブデートを素敵な車と共に楽しもう。

PLAN1　湘南＆横浜の名所を回る！初デートアクティブコース

付き合いたてのふたりやこれから交際を考える人達におすすめしたい、初デートのためのプラン。番組中に登場した、湘南〜横浜エリアの名所をぎゅっと凝縮。ちょっぴり早起きして『テラスハウス』のメンバー達が親しんだお店や海を、思いっきり巡ってしまおう！ どこも定番の場所なので、おみやげを買い込むのもオススメ。まだ少しだけ遠慮がある仲のふたり。距離感を一気に縮められるような会話のネタもいっぱい提供してくれそう。

15:30 cafe 坂の下 → 16:30 由比ガ浜 → 19:00 THE BUND → 21:00 横浜港 大さん橋 国際客船ターミナル

15:30 cafe 坂の下

古民家カフェで甘いものチャージ！

大樹と美和子がふたりでご飯を食べに行ったり、また美和子のグラビアの仕事の撮影現場にもなった場所。ちなみに映画では、聖南と大輝がデートでやってきた。通常営業は、古民家の雰囲気を活かしたなごめるカフェ。スイーツはパンケーキが目玉。パンケーキ好きを自認する人は、朝に引き続き挑戦してみるというのもアリかも!?

cafe 坂の下
〒248-0021 神奈川県鎌倉市坂ノ下21-15 ㊥0467-25-7705 ㊢10:00〜16:00（土日祝日は17:30まで）月曜定休

16:30 由比ガ浜

海岸でゆっくり散歩 夕陽を眺めていい感じに

名所巡りでややお疲れ気味の体をカフェで休めたら、時刻は夕方前。ちょうどいいタイミングで、歩いてすぐの由比ガ浜へ行こう。真絵が卒業の日に海を眺めながら哲也に告白していたのもココ。夕暮れ時のロケーションを利用して、まだの人は思い切って告白するのもいいかもしれない!?

由比ガ浜
神奈川県鎌倉市由比ガ浜海岸

19:00 THE BUND

横浜へ移動。マリンタワーのふもとでディナー

海を楽しんだあとは鎌倉を離れ、神奈川県を代表する港町・横浜へ！THE BUNDは横浜マリンタワーの1階にある、イタリアン・レストラン。大樹と華がイチゴ狩りとドライブデートを楽しんだ後に、やって来たお店。全面がガラス張りで、開放感と都会的な感覚をどちらも楽しめる。洗練された雰囲気に恋する気持ちが盛り上がる！

THE BUND
〒231-0023 神奈川県横浜市中区山下町15 1F ㊥045-263-8115 ㊢11:00〜23:00 無休

21:00 横浜港 大さん橋 国際客船ターミナル

港町のシンボルのひとつ！夜景でうっとり散歩

大型客船の発着所。美智子の水着ブランドが出店したり、洋介の個展が開かれていたりと、大さん橋ホール内ではイベントも催されている。送迎場所にもなる屋上は、船の甲板をイメージしたウッドデッキと芝生が広がる空間。横浜の夜景を楽しめる有名スポットなので、夕食後はぜひここで散歩を。哲也と里英も初デートで来ました。

横浜港 大さん橋 国際客船ターミナル
〒231-0002 神奈川県横浜市中区海岸通1丁目 ㊥045-211-2304

TERRACE HOUSE DREAM DATE COURSE

**ふたりのデートを応援！
距離が縮まる
コンパクトカー！
PASSO**

最高のデートに欠かせないのが、最高の車。テラスハウスでも数々の素敵な車が、メンバー達の恋を彩っていました。今回の映画『テラスハウス クロージング・ドア』で登場したのがTOYOTAの「PASSO」。イタリア語で「ステップ」を意味する名のとおりに、見た目は軽やか。低燃費なのもPASSOの魅力のひとつ。まさかの27.6Km/L(※1)でガソリン登録車NO.1の低燃費(※2)！ いつもよりも長い時間を一緒に過ごしてふたりのハートの距離も縮まるはず！

8:45 藤沢駅前集合

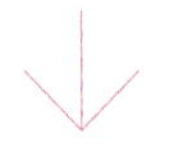

9:00	10:30	13:30	15:00
Eggs'n Things 湘南江の島店	新江ノ島水族館	VENUS cafe	長谷寺

オープンと同時に大人気パンケーキの朝ご飯を食べる

里英と正人が早朝ドライブでやって来たお店。ハワイから上陸した人気のパンケーキ専門店。目の前には相模湾と江の島が広がり、朝デートにはもってこいのロケーション。ふたりが半分こした「ストロベリーホイップクリームとマカデミアナッツ」は、たっぷりのホイップが特徴！ 正人がケチャップで落書きしたオムレツも頼んでおきたい。

Eggs'n Things 湘南江の島店
〒251-0035 神奈川県藤沢市片瀬海岸2-17-23 the BEACH HOUSE 1F ㊐0466-54-0606 ㊎9:00～22:30 不定休

海が眺められる屋外プールでイルカショーを見る

王子とあやがふたりで出かけた新江ノ島水族館。通称〝えのすい〟は、湘南デートの定番中の定番！ 館内にある巨大な水槽には、水族館の周囲に広がる相模湾の生態を再現した展示エリアや、幻想的なクラゲの姿が楽しめる場所も。そして目玉の屋外プールではイルカやアシカのショーが楽しめる。童心に返って思いっきり盛り上がろう！

新江ノ島水族館
〒251-0035 神奈川県藤沢市片瀬海岸2-19-1 ㊐0466-29-9960 ㊎10:00～17:00／9:00～17:00(3～11月)

鎌倉の海を臨むカフェにてハンバーガーランチ

水族館で盛り上がったあとは、お待ちかねのランチ。哲也、正人、翔太の3人が正人の卒業前に男子会で使ったり、最終シーズンで美智子が打ち合わせをしていたのがこのお店。40年以上前から営業している鎌倉の老舗レストランバーで、現在はテキサス＆メキシコ料理が楽しめる。温もりが感じられる木の内装も、海辺のリラックス感が！

VENUS cafe
〒248-0021 神奈川県鎌倉市坂ノ下34-1 ㊐0467-22-8614 ㊎13:00～25:00(金・土・祝前日は26:00)無休

お参り＆境内から相模湾を一望して盛り上がる。

哲也と里英がデートで訪れたお寺。ふたりも驚いていた大きな十一面観音菩薩像と、境内の見晴台から眺める相模湾の景色は、一見の価値アリ！ ふたりの関係をぐっと深めてくれそう。また長谷寺は、地元では紫陽花が綺麗な場所としても有名。見頃となる梅雨時期の初デートにも、ぜひとも押さえておきたい。

長谷寺
〒248-0016 神奈川県鎌倉市長谷3-11-2 ㊐0467-22-6300 ㊎8:00～16:30(3月～9月は～17:00)

※1 1.0L(2WD)車の場合(除く1.0X"V package")。JC08モード燃料消費率(国土交通省審査値)。燃料消費率は定められた試験条件のもとでの値です。お客様の使用環境(気象、渋滞等)や運転方法(急発進、エアコン使用等)に応じて燃料消費率は異なります。
※2 2014年4月現在。ガソリンエンジン登録車(除くハイブリッド車・プラグインハイブリッド車)。トヨタ自動車(株)調べ。

PLAN2　暮らすように遊ぶ、湘南ロコデートコース

海の見える場所で暮らしていた『テラスハウス』のメンバー達のように、湘南のロコな気分をたっぷり味わえるデートプランがこちら。地元在住者御用達のスーパーを利用してビーチピクニックを満喫したり、知られざる地元の名店まで車を走らせて、新鮮な海の幸に舌鼓を打ったりと楽しみ方は無限大！　ありきたりのデートコースじゃ満足できないカップルや、『テラスハウス』の世界をよりディープに体験したい人は、ぜひ参考にして。

16:45 BILLABONG STORE 湘南 → 17:30 ギャラリー＆カフェ ジャック＆豆の木 → 19:00 かいろう → 21:00 JAMMiN' 茅ヶ崎店

16:45 BILLABONG STORE 湘南

アウトドアショップでお買い物デート

全国に店舗を持つ、サーフィンなどのアウトドア系ショップ。湘南店は洋介が働いていたことで有名。哲也が真絵とサーフィンデートをする際に立ち寄ったことなどもあり、テラスハウスファンにとってもおなじみの場所。そんなお店で最新のカジュアルファッションをチェック！ 動きやすくかつ着心地のいいアイテムをゆっくり探そう。

BILLABONG STORE 湘南
〒251-0035 神奈川県藤沢市片瀬海岸2-17-20 ㊔0466-55-5017 ㊕10:00～20:00

17:30 ギャラリー＆カフェ ジャック＆豆の木

最新展示を見ながらオリジナルブレンドコーヒーを

古くからの味わいあるお店と、新しい個性を感じさせるお店が並ぶ由比ガ浜商店街。その一画にあるのが、洋介が個展を開いた、ギャラリーを併設しているこちらのカフェ。天井が高い店内はお洒落かつ居心地の良さ抜群。お店のオリジナルコーヒー『ジャックブレンド』＆『ジャックアメリカン』をいただきながら、湘南のアートを楽しもう。

ギャラリー＆カフェ ジャック＆豆の木
〒248-0014 神奈川県鎌倉市由比ガ浜2-4-39 松田屋本店ビル1F ㊔0467-24-6202 ㊕11:00～17:30 月曜休

19:00 かいろう

地元の食通が愛する名店で和食を楽しむ

夜は鎌倉から車で移動して茅ヶ崎へ行ってみよう。かいろうは、湘南出身の正人が母親の誕生日を祝っていた日本料理店。新鮮な海鮮を始めとする、旬の食材が揃うお店として、地元の食通たちから愛されている。ディープな湘南グルメを味わいたかったら、ぜひ立ち寄ってみよう！ 電車で訪れた人は、お酒にも力を入れているのでぜひ楽しんで。

かいろう
〒253-0053 神奈川県茅ヶ崎市東海岸北5-16-61 1F東 ㊔0467-87-9629 ㊕17:00～0:00 水曜休

21:00 JAMMiN' 茅ヶ崎店

ライブ演奏もあるレストラン＆バーでくつろぐ

湘南エリアに3つの店舗を構え、聖南もバイトをしていた無国籍料理店。番組での登場回数も多く、ファンにとっては親しみ深いお店。和食をいただいた後は、音楽も楽しめるこちらのレストラン＆バーで、地元デートを締めくくろう。茅ヶ崎店はフードが23時、ドリンクは23時半ラストオーダーと、遅くまでくつろげる！

JAMMiN' 茅ヶ崎店
〒253-0056 神奈川県茅ヶ崎市共恵1-1-15 ㊔0467-57-1129 ㊕11:45～24:00／ランチ11:45～16:00 無休

9:00 逗子駅前集合

9:20 SUZUKIYA 葉山店

地元スーパーにて買い出し長い１日に備えよう

まだテラスハウスに入居してまもない頃、哲也と里英がふたりきりで買い出しに来ていたスーパーチェーン。SUZUKIYAは湘南エリアに多数の店舗を構える、まさに地元の人たちにとっての台所的存在。葉山店はなんと海岸まで徒歩2分というロケーション。逗子駅から車を走らせて、こちらのスーパーで飲み物などを買い込もう!

SUZUKIYA 葉山店
〒240-0101 神奈川県三浦郡葉山町一色2012 ㊐0468-77-5311 ㊋9:00～21:00

10:30 葉山・一色海岸

海を眺めながらビーチピクニック!

御用邸の裏にあり、静かな雰囲気を持つ葉山・一色海岸。先ほどスーパーで買ってきた飲み物などを片手に、気軽なビーチピクニックをしよう。海を眺めながらの気取らないお散歩に、湘南への親しみが湧いてくるはず。最終シーズンでは遼子・美智子・聖南がサンセットを楽しみに来ていた。夕暮れの時間もオススメ!

葉山・一色海岸
神奈川県三浦郡葉山町一色
＊夏期は海水浴場が開かれる

13:00 麺屋 波（WAVE）

地元民行きつけのカレーつけ麺専門店で遅めのランチ!

海を散歩した後は地元民では知らない人がいないカレーつけ麺の専門店へ。映画で哲也と佑依子が夕食を食べに行った麺屋 波（WAVE）は店名からもわかる通り由比ガ浜から程近いところにある。つけ麺を頼むとお茶漬け、アイスクリームまでついてくる! 紙エプロンもあるので、デートの服を汚してしまって台無しという心配もない。

麺屋 波（WAVE）
〒248-0014 神奈川県鎌倉市由比ガ浜2-22-2 ㊐0467-23-6080 ㊋11:00～15:00／17:00～21:00（土日祝日は休憩なし） 月曜休、第3火曜休

15:30 鵠沼海浜公園 スケートパーク

鵠沼までドライブ、アクティブにスケボーデート

ご飯を食べて満腹になった後は、車で藤沢エリアまでドライブ。そしてお次は鵠沼のスケートパークでアクティブにスポーツデートで腹ごなし! 哲也も美和子を誘い、スケボーの腕前を披露していた。もちろんビギナーズエリアもあるので、初心者でも安心して遊べるのも嬉しい。スケボーのみならずホッケーやBMXも楽しめる。

鵠沼海浜公園 スケートパーク
〒251-0037 神奈川県藤沢市鵠沼海岸4-4-1 ㊐0466-31-4562 ㊋9:00～18:00（9～3月は17:00まで）月曜休

可愛い顔してスゴイPASSOの秘密 ❶
15パターンの"選べるカラー"が魅力的!
大事なデートで使う車だからこそ自分らしいカラーを見つけたい。そんな恋心にも、PASSOは味方になってくれます。「Sakura」「Beni」「Azuki」「Hisui」などバラエティに富んだカラーバリエーションは15パターン!

PLAN3　記念日に行きたい、スペシャルデートコース

お互いの誕生日や、付き合ってから何ヵ月目かの記念日など、特別な１日を過ごしたいふたりのためのデートプランがこちら！ 遊園地で盛り上がった後に神社で絆を深め、さらには鎌倉〜葉山周りの海を堪能。盛り上がりたっぷりのお出かけの終わりには、驚きのスペシャルプランが。『テラスハウス』のメンバー達も、ここまでアクティブには動き回っていなかったような!? 体力に自信があるカップルは、ぜひともすべての場所を網羅してみよう！

15:00 HALENOVA → 17:45 The Gazebo Hayama → 18:30 IL Rifugio Hayama → 23:00 ホテル緑風園

ドーナツとコーヒーのお店でリフレッシュ

続いては材木座の海から、そのまま鎌倉・極楽寺へと移動したい。映画でも仁と佑依子がランチをしていたのが印象的なHALENOVAで一休み。路地を一歩入ったところにある落ち着いた雰囲気のカフェでくつろごう。木作りの店内にはジャズが演奏できそうなステージもある。手作りドーナツと薫り高いコーヒーでリフレッシュ。

HALENOVA
〒248-0006 神奈川県鎌倉市極楽寺3-6-14 ㊊0467-84-8414 ㊎11:00〜18:00 月曜休

飲み物をテイクアウトし、森戸海岸を散策

鎌倉を離れて、葉山まで移動。The Gazebo Hayamaは森戸海岸のすぐ近くにある、フィッシュ＆チップスをメインとした食事が楽しめる。華がモデル仲間の大橋リナとランチに利用していた場所。ふたりみたいに店内はもちろん、テイクアウトもOKなのが嬉しい。飲み物を買って海まで歩き、夕暮れのビーチピクニックと洒落込もう！

The Gazebo Hayama
〒240-0112 神奈川県三浦郡葉山町堀内387 ㊊0468-74-9663 ㊎11:30〜15:00／17:30〜21:00（日は9:00オープン、20:00ラストオーダー）水曜休、第3火曜休
※2月1日〜20日まで休業中

隠れ家レストランでイタリアンディナー

少し早めの夕御飯は、隠れ家的な佇まいが美しいイタリアンレストランへ。入居してしばらくした頃、桃子が哲也と一緒にランチへ出かけ、恋愛観を聞きだしていた。ディナーはシェフにおまかせのコースがある。旬の食材を堪能しよう！ 完全予約制のお店なので、事前に連絡しておくのを忘れないで。そしてこの後デートはサプライズへ！

IL Rifugio Hayama
〒240-0111 神奈川県三浦郡葉山町一色2179 ㊊0468-75-1515 ㊎11:30〜13:30／18:30〜21:00 月曜ディナー休、火曜休

スペシャルサプライズ！ 伊東の温泉ホテルにお泊り！

都内へ戻るのかと思いきや、三浦半島から静岡県伊東市までドライブ！ 行き先のホテル緑風園はテラスハウスを卒業して社会人になる智恵の旅立ちを記念して、メンバー達が訪れたホテル。館内には24時間利用可能の温泉があり、スペシャルデートのトリを飾るのにぴったり。露天風呂が貸しきれるカップル用の宿泊プランもある。

ホテル緑風園
〒414-0032 静岡県伊東市音無町3-1 ㊊0557-37-1885

TERRACE HOUSE DREAM DATE COURSE

10:00 八景島シーパラダイス → 12:45 ちくあん → 14:00 葛原岡神社 → 14:30 材木座海水浴場

水族館&サーフコースターで盛り上がる!

朝はやや遅めでスタート。season1で哲也と里英がデートしていた八景島シーパラダイスで集合しよう! ここはレストランやショッピングモールが併設された、複合型遊園地。目玉となる水族館は4種類もあり、ホッキョクグマがいるエリアも。海の上を駆け巡るアトラクションのサーフコースターにも乗って、テンションを上げよう!

八景島シーパラダイス
〒236-0006 神奈川県横浜市金沢区八景島 ㊐045-788-8888 ㊑9:00～20:30(土日祝日は21:30まで)

和風の蔵が印象的なおそば屋さんでランチ

遊園地&水族館をしっかりと楽しんだあとは、横浜から鎌倉エリアまで移動しよう。お昼ご飯は、白い蔵造り風の建物が和を感じさせてくれるそば処のちくあんへ。梨奈と洋介がデートでやってきた。洋介曰く「大事な人しか連れてこない店」。ふたりが注文していた「鎌倉御膳」は、お蕎麦に天ぷらや小どんぶりもついたボリュームたっぷりの1品!

ちくあん
〒248-0001 神奈川県鎌倉市十二所937-12 ㊐0467-25-3006 ㊑11:30～15:00／17:00～20:30

縁結びで有名な神社へハート型の絵馬を買ってお参り

哲也、洋介、真絵、梨奈が正月のお参りと厄除けをしてもらっていた葛原岡神社へ行ってみよう。実はここは、縁結びのご利益がある神社としても知られている。お参りをした後には、ハート型が可愛い「縁むすび絵馬」を買いたい。ふたりの名前が書けるようになっているので、ずっと仲良くいられるようにと、お願いしておこう。

葛原岡神社
〒247-0062 神奈川県鎌倉市梶原5-9-1 ㊐0467-45-9002

ウィンドサーファー達を眺めながら海沿いを歩く

葛原岡神社で鎌倉の山エリアを堪能したら、最終シーズンで大輝がウィンドサーフィンをしていた、材木座の海にも足を伸ばしてみたい。ここは年間を通じてマリンスポーツを楽しむ人が多い場所。ウィンドサーファー達の姿を目にしながら、海岸沿いを散歩しよう。聖南も大輝に連れられ、やってきた。天気が良ければ、よりさわやかな気分になれること間違いなし!

材木座海水浴場
神奈川県鎌倉市材木座

可愛い顔してスゴイPASSOの秘密 ②
小柄なのに驚きの収納力!

カバンに飲み物、立ち寄った先で買ったものなど、デート中はつい荷物が多くなりがち。PASSOは車内のあらゆるところに収納スペースを設計。浜辺で靴が汚れてしまっても、助手席シートの下に替えを入れておけるアンダートレイがあるから安心!

PLAN4　話題のヘルシーデートコース

注目のデートスポットや華やかなエンタメ系施設へ出かけるのも楽しいけれど、いつもより少し早起きして、ふたりで一緒に自然に親しむ。そんなヘルシーさを意識したデートが、話題を呼んでいる。そこで『テラスハウス』に登場した各スポットからも、身も心も軽やかになれる、ヘルシーなお出かけ先をピックアップ。屋外好きや、美味しいものが好きな人たちも、要チェックのコースです。暖かくなる春〜夏の季節は特に盛り上がりそう。ぜひ出かけてみて!

16:00 TERRA DELI KAMAKURA → 17:00 LONCAFE 湘南江の島本店 → 19:30 BISSORI → 22:00 宇田川カフェ

16:00 TERRA DELI KAMAKURA

デリ＆カフェでヘルシーな鎌倉みやげを購入しておく。

自然あふれる三浦・横須賀から、再び鎌倉エリアへ。智恵が、バイト終わりの聖南と共に立ち寄っていたデリ＆カフェをチェックしてみよう。商品は、鎌倉や伊豆の農園からの食材で作られているとか。日替わりのお惣菜はもちろん、ドレッシング、ジャム、サラダ味噌などの販売も。鎌倉のヘルシーなおみやげとして買い込んでおきたい!

TERRA　DELI　KAMAKURA
〒248-0006 神奈川県鎌倉市小町2-8-23 ㊐0467-23-9756 ㊋11:00〜18:00 火曜休

17:00 LONCAFE 湘南江の島本店

江の島のてっぺんでフレンチトーストに挑戦

駐車場に車を停め、江ノ島のてっぺんにある公園「サムエル・コッキング」を目指してみよう! 公園内にあるLONCAFEは、華と大樹が江島神社へお参りに行った時に立ち寄ったカフェ。日本初のフレンチトースト専門店で、この江の島店が本店になる。自然たっぷりの場所でこだわりのスイーツをいただけば、今すぐ笑顔になれる。

LONCAFE　湘南江の島本店
〒251-0036 神奈川県藤沢市江の島2-3-38 江の島サムエル・コッキング苑内 ㊐0466-28-3636 ㊋11:00〜20:00（土日祝日は10:00〜） 不定休

19:30 BISSORI

祐天寺の韓国×イタリアンで個室ディナー

湘南エリアの旬の味を堪能した後は、早めに都内へ戻ろう。夕食は都内の韓国×イタリアンへ。映画で仁と佑依子がディナーに行ったレストランだ。祐天寺周辺は都内でも、個性的なお店の集まるエリア。その中でもこのお店は韓国料理とイタリアンをミックスさせた創作料理が人気だ。特製ピザを雰囲気の良い個室で味わおう!

BISSORI
〒153-0052 東京都目黒区祐天寺2-8-12 ㊐03-5720-8977 ㊋12:00〜15:00／18:00〜翌2:00

22:00 宇田川カフェ

深夜までやっている都会のカフェでまったり

健康的なデートを楽しんだ1日の終りだからこそ、最後はディープな会話ができるカフェへ行ってみよう! 渋谷にあるこのカフェは桃子がサウンドプロデューサーと打ち合わせをしたり、遼子が担当しているアーティストから、友達付き合いのアドバイスをもらったお店。ミッドナイト営業は翌25時まで。心置きなくまったりしたい。

宇田川カフェ
〒150-0042 東京都渋谷区宇田川町33-1 グランド東京会館 1F ㊐03-5784-3134 ㊋11:30〜翌5:00

TERRACE HOUSE DREAM DATE COURSE

8:30 藤沢駅前集合

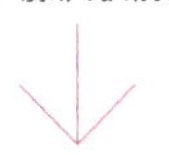

9:00 good mellows

ハンバーガーが有名なカフェで海を見ながら朝ごはん!

哲也がアメリカへ行く前の正人に会い、聖南への気持ちを聞き出したり、番組の後半で聖南にアタックした正人が本音を告白するなど、哲也&正人コンビが度々訪れていたお店。目玉はジューシーな牛肉と、新鮮な野菜を使ったハンバーガー。朝9時から営業しているので、パンケーキやトーストなどのモーニングメニューもおすすめ!

good mellows
〒248-0005 神奈川県鎌倉市坂ノ下27-39 ㊐0467-24-9655 ㊎9:00〜20:30

10:30 津久井浜観光農園

横須賀で自然の恵み名物のいちご狩りデート!

車を横須賀へと走らせて、華と大樹がいちご狩りデートを楽しんでいた農園へ行ってみよう! いちご狩りのシーズンは冬から春。5月上旬まで楽しめる。またいちごのみならず、みかんやさつまいもなどの収穫体験もできるので、四季を通じて訪れてみたい。達成感と自然の恵みを一緒に味わえる、ヘルシーデートの鉄板スポット♡

津久井浜観光農園
〒239-0843 神奈川県横須賀市津久井5-15-20 ㊐0468-49-4506 ㊎9:00〜15:00／イチゴ狩りは1月1日〜5月5日

12:00 城ヶ島公園

天気が良ければ富士山も!

農園へ行ったら、そのまま三浦半島の最南端までドライブデートを。城ヶ島は華が洋介と一緒に訪れた場所で、公園は、島の東半分を占めている。展望台からは房総半島から伊豆半島までの景色を見ることができて、天気が良ければ富士山の姿も確認できるのだとか! 海、風、岩などのダイナミックな自然を思いっきり感じたい。

城ヶ島公園
〒238-0237 神奈川県三浦市三崎町城ケ島 ㊐0468-81-6640

14:00 earthen-place 秋谷店

地元の野菜が自慢のお店で海と光のランチ

城ヶ島を離れ、哲也と華がお茶をしていたレストラン。ここで華は大樹への気持ちと、テラスハウスでの恋愛への意気込みを語っていた。そんなふたりも感動していたのが、お店からのオーシャンビュー。ぜひランチで行きたい。地元の秋谷や三浦で採れた野菜を使った、体に優しい料理が自慢。自家焙煎コーヒーも人気!

earthen-place 秋谷店
〒240-0105 神奈川県横須賀市秋谷1653-13 ㊐0468-56-9210 ㊎8:30〜11:00(土日祝のみ)／11:30〜17:00

可愛い顔してスゴイPASSOの秘密 ❸
カウチに座っているようなゆったり感のベンチシート!

"＋Hana" seriesはフロントがベンチシート仕様。ゆったり座れる上に乗り降りもラクラク。まるでテラスハウスのカウチに座っているかのような居心地の良いくつろぎのシートで、ふたりの距離がぐっと縮まりそう。デートが盛り上がること、間違いなし!

『TERRACE HOUSE』TV SERIES STAFF

編成企画	太田 大（フジテレビ）
撮影	吉原輝久
CAM	佐野 潤　下村哲郎　神津史憲 橋口和利　横山太朗 倉島健一　月村浩一
AUD	沖田一亮　加藤 誠　葛生美紀　阿久津 守
VE	永尾真也
CA	藤野展夢　高橋一平／早瀬真行　宇土博喜
EED	杉山友宣
MA	岩崎勇也　岡田 岳
データマネージャー	門馬英行　江島 翼
ポストプロダクション営業	渡辺益伸
CG	田辺秀伸
選曲	高島慎太郎
美術	高砂浩明
美術プロデューサー	赤石 賢
美術助手	栗林由紀子　小谷真沙美 齋藤しおり　伊庭千尋
美術製作	金子宗一郎
広報	瀧澤航一郎（フジテレビ）
コンテンツデザイン	下川 猛（フジテレビ）浅井良輔
デジタルコンテンツ	荒木浩二
HP制作	宮門 裕（Lefty's）
ポスターマネージメント	小泉雄士
ポスターデザイン	吉良進太郎
制作協力	上林千秋
技術協力	LOOP McRAY
美術協力	(株)ヌーヴェルヴァーグ マスターウォール東京
車輌	當銀誉之
TK	伊藤裕子
アドバイザー	堀田 延　大名祥子
AD	平井恵祐　菊地 諒 山下 哲　栗坪隆平　澤田雅巳　馬場健太郎 清水香葉子　大内田龍馬　谷 悠里　川島侑芽乃
AP	磯崎千絵　小田鮎子
ディレクター	岡野耕太　新井田 洋 西本隆洋　山本慶太 伊藤才聞　尾上沙碧 梅星 隆　双津大地郎 日野智文　有田直美　丸谷水希
演出	前田真人
プロデューサー	鈴木康祝
チーフプロデューサー	松本彩夏
制作著作	イースト・エンタテインメント
制作	フジテレビ

『TERRACE HOUSE CLOSING DOOR』STAFF

エグゼクティブプロデューサー	臼井裕詞　前田久閑
プロデューサー	岡田翔太
宣伝プロデューサー	井上瑞樹
宣伝担当	石原達也　東 幸司
製作	フジテレビジョン イースト・エンタテインメント 東宝　電通　FNS27社

TERRACE HOUSE PREMIUM

2015年2月20日　第1刷発行

執筆　吉田大助　石井絵里
撮影　中川正子（カバー、THE LAST INTERVIEW & DIALOGE、Chapter1）
永峰拓也（Chapter1）
神藤 剛（Chapter2）
編集　続木順平　小田部 仁
デザイン　鈴木成一デザイン室
発行人　北尾修一
発行所　株式会社 太田出版
〒160-8571 東京都新宿区愛住町22 第3山田ビル4F
TEL 03-3359-6281
振替 00120-6-162166
印刷所　中央精版印刷株式会社

ISBN978-4-7783-1432-3 C0095
乱丁・落丁本はお取り替えします。

定価はカバーに表示してあります。